犬猫血液学手册

A GUIDE TO HEMATOLOGY IN DOGS AND CATS

Alan H. Rebar, DVM, Ph. D.
Peter S. MacWilliams, DVM, Ph. D.
Bernard F. Feldman, DVM, Ph. D.
Fred L. Metzger, DVM
Roy V. H. Pollock, DVM, Ph. D.
John Roche, MS

夏兆飞　主译

中国农业大学出版社

图书在版编目(CIP)数据

犬猫血液学手册/(美)雷巴尔(Rebar,A. H.)等编著;夏兆飞主译. —北京:中国农业大学出版社,2007.6(2017.7 重印)

书名原文:A Guide to Hematology in Dogs and Cats

ISBN 978-7-81117-193-8

Ⅰ.犬… Ⅱ.①雷…②夏… Ⅲ.①犬病-血液检查-手册②猫病-血液检查-手册 Ⅳ.S858.2-62

中国版本图书馆 CIP 数据核字(2007)第 073458 号

书　　名　犬猫血液学手册

作　　者　夏兆飞　**主译**

策划编辑	宋俊果	**责任编辑**	王艳欣
封面设计	郑　川	**责任校对**	王晓凤　陈　莹
出版发行	中国农业大学出版社		
社　　址	北京市海淀区圆明园西路 2 号	**邮政编码**	100193
电　　话	发行部 010-62818525,8625	读者服务部	010-62732336
	编辑部 010-62732617,2618	出　版　部	010-62733440
网　　址	http://www.caupress.cn	**e-mail**	cbsszs @ cau.edu.cn
经　　销	新华书店		
印　　刷	涿州市星河印刷有限公司		
版　　次	2007 年 6 月第 1 版　　2017 年 7 月第 3 次印刷		
规　　格	787×1 092　16 开本　17.5 印张　342 千字		
定　　价	80.00 元		

本书简体中文版本翻译自[美] **Alan H. Rebar** 等编著的“***A Guide to Hematology in Dogs and Cats***”。作者为 **Alan H. Rebar，Peter S. MacWilliams，Bernard F. Feldman，Fred L. Metzger，Roy V. H. Pollock，John Roche**。

The original English language work has been published by Teton NewMedia Jackson，Wyoming，USA

著作权合同登记图字：**01-2007-0696** 号

译　者

主译　夏兆飞

译者　唐新叶　田海燕　邱志钊　王姜维

夏兆飞　中国农业大学兽医博士

现任中国农业大学兽医内科与诊断教研室主任、世界小动物兽医师协会中国区代表、北京宠物医师协会会长等职。曾任中国农业大学兽医临床系系主任、动物医院院长等职务。主编和参编12部兽医临床著作，发表宠物临床论文数十篇，主持和参加国家研究课题6项。主要兴趣领域有：小动物临床诊断技术、小动物临床治疗技术、小动物临床营养学和宠物医院经营管理。

***

本书中文版本的翻译得到"兽医临床诊断新技术的应用研究"项目的支持。

作者介绍

Alan H. Rebar, DVM, Ph. D., Diplomate, ACVP
美国普渡大学(Purdue University)
兽医学院
西拉法叶(West Lafayette),印第安纳州

Peter S. MacWilliams, DVM, Ph. D., Diplomate, ACVP
美国威斯康星-麦迪逊大学(University of Wisconsin-Madison)
兽医学院,病理科学系
麦迪逊,威斯康星州

Bernard F. Feldman, DVM, Ph. D.
弗吉尼亚-马里兰地方兽医学院(Virginia-Maryland Regional College of Veterinary Medicine)
生物医学与病理学系
布莱克斯堡(Blacksburg),弗吉尼亚州

Fred L. Metzger Jr., DVM, Diplomate, ABVP
摩茨哥动物医院(Metzger Animal Hospital)
州立学院,宾夕法尼亚州

Roy V. H. Pollock, DVM, Ph. D.
佛特希尔公司(Fort Hill Company)
Montchanin,特拉华州

John Roche, M. S.
血液学部
IDEXX 实验室
卫斯布鲁克(Westbrook),缅因州

中文版前言

随着现代社会的发展，人与宠物的关系越来越密切，宠物主人对宠物的健康状况和生活质量越来越关注，但临床疾病却越来越复杂，临床兽医仅仅依赖一般诊断方法，即视诊、触诊、叩诊、听诊和问诊，很难满足宠物临床的诊断要求。血液学是现代兽医临床特殊诊断技术之一，在宠物健康检查、疾病诊断和预后判断中具有重要作用。

由于血液学诊断在我国宠物临床应用较晚，临床兽医相对缺乏这方面的经验，加上宠物血液学方面的中文资料匮乏，严重制约和影响了临床兽医的诊断水平。中国农业大学出版社及时将 Teton NewMedia 出版社的《A GUIDE TO HEMATOLOGY IN DOGS AND CATS》引入我国，我们有幸将之翻译成中文，必将会推动血液学诊断在宠物临床上的应用，提高兽医的临床诊断水平。

本书主要为临床兽医所著，图文并茂（含 120 多幅彩图），简单易懂，重点在血细胞的定量测定（数量）与定性测定（形态）。第 1 章告诉读者如何使用本书；第 2～3 章简要概括了临床上的血液学和细胞测定方法；第 4～10 章系统讨论了血液中每种细胞的正常、异常以及人为异常；第 11 章介绍了血象分析方法；第 12 章是病例分析和血液学应用；第 13～14 章是自测题和答案。

本书所有翻译人员均毕业于中国农业大学兽医临床系，具有硕士或博士学历，并从事宠物临床工作。在翻译工作中，我们力争把原文的意思表达清楚准确。如果读者发现译文中的瑕疵，恳请反馈给译者或出版社，以便再版时改进。

在本书的翻译过程中，中国农业大学兽医内科与诊断教研室的潘丹丹、曹燕、游程皓和王雪岭做了大量工作，在此表示衷心感谢！

夏兆飞

2007 年 5 月于北京

致谢

本书的完成离不开许多重要人士的支持与投入。作者们要特别感谢 Ruth Ann Weiderhaft 和 Heather March，他们在作者与出版者之间的交流中发挥了重要作用并一直激励作者完成本书。Heather 在制作书中显微镜照片的过程中起了重要作用。我们还要感谢 Karen Thomason 博士、Bernard Feldman 博士的夫人以及 James Herriott 似的兽医工作者，他们使我们能够与日常兽医临床实践保持联系。最后，我们要感谢 Metzger 动物医院的杰出成员们，感谢他们每天的耐心工作以及对本书做出的贡献。

序言

本书是专门为工作在小动物领域的兽医分析血液学数据而创作的。重点在血细胞的定量测定(数量)与定性测定(形态)。

本书首先简要概括了临床上的血液学和细胞测定方法(第2~3章),前几章(第4~10章)系统讨论了血液中每种细胞的正常、异常以及人为异常。本书大纲式的编写目的,是为临床兽医提供快速简便的方法来获得各种有关血液异常的信息。然而,本书的目的并不是对血液学作完整的论述。因此,读者可参考其他优秀书籍,如*Schalm's Veterinary Hematology*和John Harvey的*Atlas of Veterinary Hematology*。

本书的后几章(第11~12章)列举了完整系统的血象分析方法。希望病例分析(第12章)能有助于临床兽医们的临床实践以及培养其分析技能和自信心。另外,这些病例列出了异常血象的范围。尽管血象分析极具挑战性,但对兽医以及患病动物都意义深远。

目　录

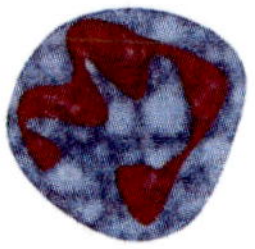

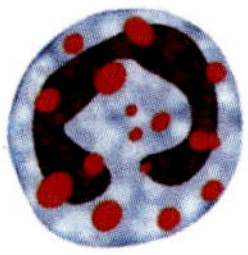

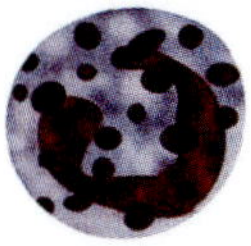

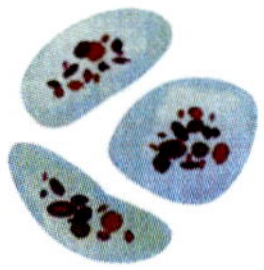

1

如何使用本手册

本书作为一本实用手册，主要为小动物领域的兽医以及兽医技术人员提供相关知识。

我们认为血液学是兽医临床中最有用、最未充分利用的诊断技术。血液成分的变化通常是疾病的早期反应。血液容易采集，可用现代仪器作快速测定，且价格不贵。完整的血象可提供关于患病动物的健康状况或疾病状况的大量信息。

我们的目的是以简洁、易查找的方式提供信息，来支持血液学检验在临床中的应用。我们选择大纲格式，并使本书内容最简单化。每种细胞的讨论都按照相同的总纲：

概述

数量

正常

减少

增加

形态

正常形态及其变化

异常形态

人为异常

本书的重点在于临床应用。正文中包含了对超微结构、生理和生化途径的详细描述。细胞图片有助于快速定位适用的章节，同时给出了大量正常和异常细胞形态的图片。多重选择题和病例分析鼓励读者自我测验和综合应用理论。

如何使用本手册?

1. 本书存放在临床实验室内,随时翻阅。

2. 使用诊所的血液设备或通过商业实验室获取全血细胞计数。

3. 观察染色血涂片,评价血细胞形态。

4. 参考"血象分析"部分和特定血细胞类型。

5. 检查引起血细胞数量变化的原因和血象的表现,后者可能暗示一些特异的疾病过程。

6. 如果碰到您不能辨别或者超过本书范围的异常状况,那么就向大学里的或者商业实验室的兽医临床病理学家咨询。

7. 始终如一地使用血液学检验以及本书,使之成为您临床工作中的不可缺少的常规诊断工具之一。

本手册的局限性

出版本书的目的是为临床兽医提供一本实用手册。因此,它没有涵盖所有已知的犬、猫血液疾病,也没有包含病理生理学方面的详细讨论。如果需要,读者可以使用其他一些非常优秀的参考书籍,如 *Schalm's Veterinary Hematology*。对于罕见或复杂的疾病,没有一本手册可以代替高级的培训和宝贵的经验。当遇到难题或者异常病例时,我们强烈建议向相关专家咨询。

2

临床血液学检查

血液学检查适应症

全血细胞计数(CBC)反映了患病动物的全身健康状况。

- ▶ 外周血液在骨髓和组织之间起着转运媒介的作用。
- ▶ 因此,在某些特殊时刻,可通过 CBC 及时了解机体造血系统的功能状态。

建议每只患病动物、麻醉前动物以及每只老年动物做实验室检查时,都进行全血细胞计数,并作为先前查出红细胞、白细胞或血小板异常患病动物的复查项目。

- ▶ 要注意的是,患病动物还包括那些病史模糊的动物,如:
  - 食欲不佳
  - 不愿玩耍
  - 精神委靡

- ▶ 麻醉前应该检查红细胞、白细胞和血小板是否异常,其理由如下:
  - 贫血的患病动物更易出现组织缺氧,这会增加麻醉并发症的发生。
  - 脱水是引起红细胞增多症最常见的原因(红细胞相对增多)。脱水还可能导致血压过低和麻醉并发症,特别是同时出现失血且使用了能引起血管扩张的麻醉剂。
    - ♦ 脱水还会引起其他异常状况,包括总蛋白增加、尿液浓缩和尿比重增加。
  - 白细胞增多症可能与炎症、应激或者兴奋(生理性白细胞增多症)有关。
  - 患有白细胞减少症和嗜中性粒细胞减少症的患病动物,在术后很难产生有效的抗炎反应。
  - 血小板减少症是兽医临床中最常见的出血性疾病。每次麻醉前检查必须检查血小板,因为血小板减少症引起的结果往往是致命的。

- ▶ 由于它是个十分优越的检测方法,只需花费相对较低的成本就能获得大量的信息,因此,我们建议所有将要接受手术的患病动物,不论年龄大小,都应该在麻醉前进行血液学检验和化验。

- ▶ 对于老年动物，无论是健康的还是患病的，都是实验室检查的主要对象。建议 7 岁以上的健康的犬猫每年进行一次血液学检查。
  - 血液学检查可为潜在的不易察觉的疾病提供重要线索，还有助于建立患病动物的基本病例资料以及对营养和疫苗方面的建议。
    - ♦ 老年犬的病例资料至少应该包括：病史（包括行为）、临床检查、CBC、电解质、生化检验以及尿液分析。
    - ♦ 老年猫的病例资料至少应该包括：病史（包括行为）、临床检查、CBC、电解质、生化检验、尿液分析以及总 T4（甲状腺素）。
  - 衰老通常伴随着各种疾病的发病率增加，这些疾病常出现 CBC、尿液分析和/或生化检验异常而被早期诊断，包括：
    - ♦ 免疫介导性疾病
    - ♦ 内分泌疾病，如糖尿病、肾上腺皮质机能亢进（库欣氏综合征）、甲状腺功能紊乱以及肾上腺皮质机能减退（阿狄森氏综合征）
    - ♦ 肾脏疾病
    - ♦ 肝脏疾病
    - ♦ 肿瘤
  - 老年宠物的实验室检验，既有助于临床诊断，又可增加医院的收入。
    - ♦ 美国兽医协会（AVMA）最近的一项研究报道，美国有 28.1%的犬和 25.4%的猫年龄在 8 岁或者 8 岁以上。

诊所内与外部商业实验室的比较

在诊所内的实验室进行血液学检验的优点包括：能对患病动物做出较快的治疗，能更好地做好麻醉前准备，还能减少因血液分析延误而引起的一些人为异常。

- ▶ 早期诊断并采取治疗措施有利于提高对患病动物的管理效果。
  - 临床兽医可以通过诊所内部实验室检验的结果，来判断患病动物的健康状况（患病或者健康），确定诊断方案和治疗方案，并在当天为动物主人提供书面的诊断报告。

- ▶ 一般动物主人都同意在诊所内部的实验室进行麻醉前检验，因为麻醉前检验通常与麻醉在同一天进行，可减少动物主人的不便。
- ▶ 麻醉前应进行麻醉前检验，以明确患病动物的身体状况并及时调整麻醉方案。
- ▶ 血样采集后应尽快进行分析，以防止由于接触抗凝剂及储藏、运输造成细胞破坏引起的人为异常。
  - 为避免人为的形态异常，血涂片应在血液采集后 30 min 内制备。
  - 在血液采集后应尽快进行血小板计数，以获得最佳结果。

诊所内实验室血液学检验的潜在缺点包括：价格稍高、质量控制略差以及显微镜检查血涂片的经验（读片经验）有限。

- ▶ 可通过以下方法来减少质量控制的必要性：
  - 每天做空白检验，跟踪结果变化以消除仪器漂移因素导致的结果变化。
  - 分离血样，将诊所实验室的检验结果与质量参考实验室的数据作对比。
  - 参与国家质量控制调查，如美国临床病理学家协会组织的。
- ▶ 只要搞好诊所内的实验室质量控制，那么动物主人也会乐于接受价格稍高的诊所内实验室血液学检验，因为这样可以为动物及动物主人提供快速优质的服务。

交流血液学检查的必要性

大多数动物主人都知道人类疾病通常需要通过化验才能确诊。临床兽医应让动物主人知道，医生不愿去猜测疾病状况。

- ▶ 动物主人也都理解，医生要根据诊断结果而不是推测来做出治疗决定。

运用简单的术语来解释血液学检验是十分必要的，通过血液学检验可以排除一些人们熟知的常见病，如贫血、感染、糖尿病和肾脏疾病。

- ▶ 许多动物主人通过医学类电视节目，熟悉了“CBC”和“生化检验”这两个术语。
- ▶ 需要解释的是，这些检测可以使医生缩小疑似疾病的范围（鉴别诊断）。

记住:"正常"结果对于动物主人们来说是好消息,而不是浪费钱财。

- ▶ 实验室检验结果"正常"是很常见的且具有很大的价值。
- ▶ 实验室检验不仅可用于鉴定疾病而且有助于排除疑似疾病。

交流检查结果

复印一份实验室检验结果,并向动物主人解释结果的意义。

- ▶ 如果结果异常,那么建议动物主人对患病动物采取治疗,或者使用其他诊断方法来确诊疾病,如细胞学检查、放射检查、超声波检查以及内窥镜检查等。
- ▶ 如果结果正常,那么告诉动物主人您排除了哪些疑似疾病(如糖尿病、贫血、传染病和肾脏疾病)。

从课本或者其他参考书中复印已确诊疾病的相关资料并提供给动物主人。这有助于进一步强化您的诊断结果,并为动物主人提供相关的治疗和预后信息。

实验室检查的经济效益

对于临床兽医来说,实验室检验是重要的盈利部分,根据 2000 年 Veterinary Economics Best Practice Survey 的调查显示,实验室检验的收入大约占诊所总收入的 20%。

- ▶ 该调查还表明,美国平均 CBC 检验费为 30 美元。地区之间的检验费存在差异,美国南部地区为 21 美元,而东北地区为 31 美元。
- ▶ 多份调查显示:与疫苗、诊断费以及跳蚤和犬恶丝虫预防药物相比,动物主人对实验室检验的价格相对不敏感。

兽医运行诊所内检验的成本较高,因此,诊所内部实验室检验一般比外部商业实验室检验价格高,但应以提供更快速、更为动物主人着想的服务为基础。

3

血液学实验室检查方法

血样采集

正确采集和处理血液非常关键,错误的操作方法会导致血细胞计数不准和人为的形态异常。

- ▶ 样本质量是造成分析误差的主要因素。

血液学检验需要液态血液。

- ▶ 血液应抽入含有抗凝剂的小瓶或者注射器内。大多数血液学检验都选用 EDTA 作为抗凝剂(图 3-1 和图 3-2)。
  - 血液采集后应尽快制备血涂片,与 EDTA 接触时间过长会导致嗜中性粒细胞和血小板出现人为异常。
  - 红细胞与 EDTA 接触 24 h 后容易发生溶解。
- ▶ 检查血小板和凝血试验时,建议选用柠檬酸钠作为抗凝剂。

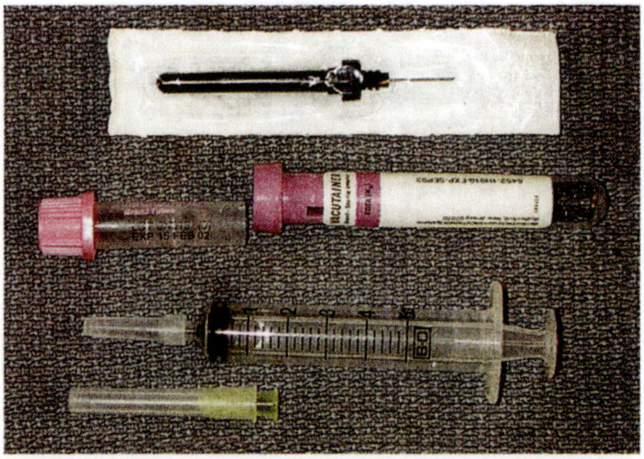

图 3-1

血液学检验所需的采血材料,包括:注射器、针头以及紫帽 EDTA 采血管。在试管内混匀血液时,最好采用反复颠倒的方法,而不是摇晃。

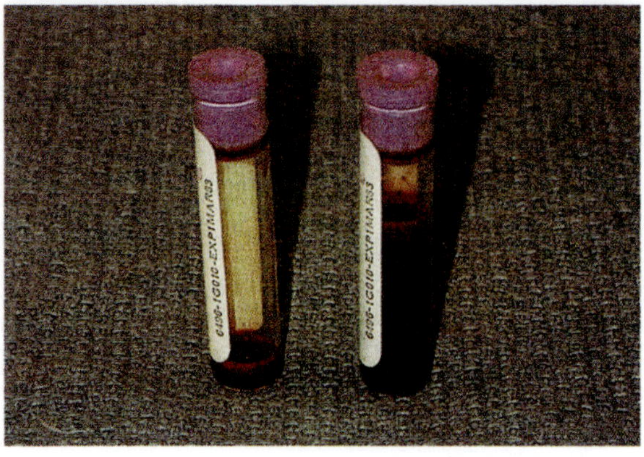

图 3-2

使用 EDTA 抗凝管时,采集的血液量应达到试管的标注容量。如果过少(左边),那么 EDTA 相对于血液量就过量了。血量过少会导致血浆蛋白含量假性升高以及 PCV 和 RBC 计数的假性降低。红细胞皱缩会导致 MCV 的降低。

- 肝素不能用于采集做血象分析的犬猫血液。它不能阻止血小板凝集，还会引起白细胞形态发生改变。

自吸真空管是首选采血器具(如 Vacutainer®，Becton Dickinson，Franklin Lakes，NJ or Monoject®，Kendall，Mansfield，MA)。

- 采血量必须达到其标注容量，以使血液/抗凝剂达到最佳比例(图 3-2)。
- 采集血液后颠倒管子数次，充分混匀。

使用带有小针头的注射器快速抽吸或者转移血液会导致细胞溶解。

样本处理

血液采集后应尽快进行相关处理。

- 立即制备血涂片。
- 如果样本要待检，那么应该将血液样本冷藏保存。
- 在室温中放置时间过长会导致细胞自溶。
- 待检对血小板计数的影响最大。血小板的寿命较短，随着放置时间的延长会凝结成块。即使有抗凝剂也是如此。采集血液 4～6 h 后进行血小板计数，其结果往往不准确(图 4-23)。

在取血液样本中的一部分血液用于检验前，应混匀样本数次。避免长时间混匀，以防止细胞发生物理损伤。

血涂片

制备良好的血涂片是精确分析血象的先决条件。

仅使用崭新的、干净的载玻片。

在载玻片靠近磨砂的一边，滴一小滴血液(图 3-3A)。

- 再取一块载玻片，放置在第一块载玻片上，两者成 30°角；往回拉上面一块载玻片，直到接触到血滴(图 3-3B 和图 3-3C)。
- 当血液蔓延到距离玻片边缘 2～3 mm 时，把第二块载玻片快速、平稳地在第一块载玻片上推过(图 3-3C)。

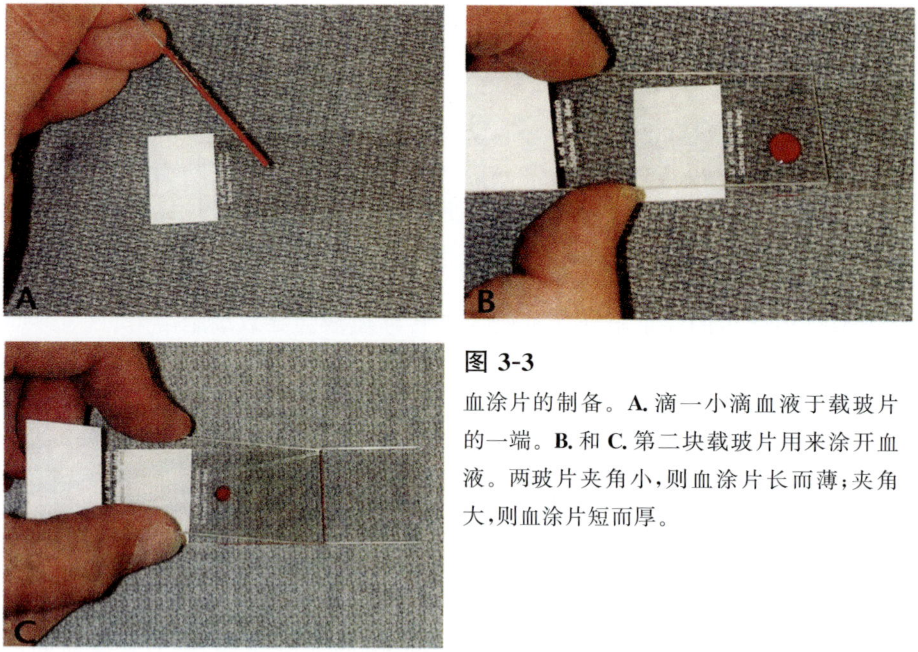

图 3-3

血涂片的制备。**A.** 滴一小滴血液于载玻片的一端。**B.** 和 **C.** 第二块载玻片用来涂开血液。两玻片夹角小，则血涂片长而薄；夹角大，则血涂片短而厚。

- ▶ 制备良好的血涂片呈火焰状。
- ▶ 每只患病动物都要制备多个血涂片。

一些血液学家推荐了另一种不同的方法——改良盖玻片法。

- ▶ 使用一个 PCV 管，取一滴血液滴在一片干净（非常重要）载玻片的中心旁边。
- ▶ 取第二块干净的载玻片，盖在血液上方，并观察两玻片之间血液由于毛细作用而发生的扩散。
- ▶ 扩散停止后，慢慢地滑走上面的载玻片（不能向上抬起拿开！）。这种方法通常会形成两个拇指印大小的涂片。
- ▶ 这些涂片的中心部分是单层的，边缘稍厚。

自然风干这些血涂片，并置于室温保存，直到进行下一步处理。

- ▶ 不能吸干或擦干，这样会产生刮痕。
- ▶ 不能冷藏；在冷载玻片上会发生冷凝，从而导致细胞破裂。
- ▶ 不能接触福尔马林。
- ▶ 染色前不能固定，但要保存在封闭条件下；苍蝇会来吸食风干涂片上的血液。

染色

罗曼诺夫司基(Romanowsky)染色法(瑞氏染色、姬姆萨染色以及改良的快速染色法)适用于血象分析中所有细胞的形态学分析。

- 这些染色方法同时包含了酸性染色剂(通常指伊红)和碱性染色剂(如亚甲蓝)。
- 富含碱性化合物的结构,如嗜酸性颗粒,它们能与酸性染料结合,被染成红色。酸性结构,如 DNA/RNA 或嗜碱性颗粒,都会被碱性染料染成蓝色。

新亚甲蓝染色法

- 一种用于网织红细胞计数和海因茨小体(Heinz bodies)染色的活体染色方法。
- 将数滴血液与 1～2 倍 0.5%新亚甲蓝生理盐水混合,静置数分钟后用于制备血涂片。

常见人为异常/问题

染料沉淀

- 染液过旧或者曾暴露在空气中,就会在载玻片上生成沉淀,这些沉淀会被误认为是血液寄生虫。
- 保持染料新鲜,不用时应盖紧瓶盖。定期过滤或更新染料以减少沉淀。

染色过度或不足

- 为了避免染色过度或不足,通常需要在染色前进行染色试验。
- 在染色过度的玻片上,所有的细胞都呈深染。红细胞与正常着色的细胞相比,密度更大、颜色更蓝。
- 染色过度会使重要的细胞结构变得模糊(图 3-4)。
- 在染色不足的玻片上,所有细胞都呈淡染。几乎不能辨别白细胞的细胞结构,而红细胞显得非常淡。这不应与低色素血症混淆。

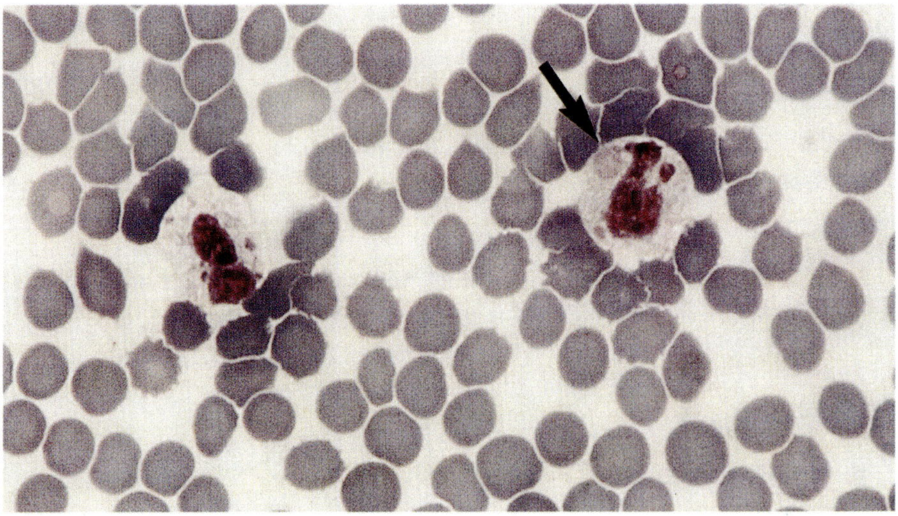

图 3-4

用瑞氏-姬姆萨染色过度的血涂片。红细胞呈深蓝灰色，这就无法识别多染性红细胞。右边的嗜中性粒细胞胞浆内含有犬瘟热包涵体(箭头所指)。

样本分析

形态学分析

除了细胞计数外，血涂片的显微镜检查也是血液学分析不可或缺的一部分。

▶ 单纯血细胞计数对完整的血象分析来说是远远不够的。

▶ 细胞和血小板的大小、性质以及状态可提供疾病特征的重要信息。

- 有些疾病，如血液寄生虫病和某些肿瘤疾病可直接通过血涂片检验确诊。

为获得精确、完整的结果，一种系统的血涂片分析方法是必不可少的。

▶ 一开始就在高倍镜下识别和计数白细胞是操作过程中常见的错误，这样就不能观察到白细胞、红细胞和血小板的特征。

▶ 用低倍镜(10～20×)检查缗钱样红细胞以及红细胞、白细胞或血小板聚集状况，使用自动计数仪计数时，这些都会导致细胞计数的误差。

- 估计白细胞总数(图 3-5)并形成每种白细胞系(嗜中性粒细胞、嗜酸性粒细胞、淋巴细胞、单核细胞)典型细胞的心理印象(图 3-6)。

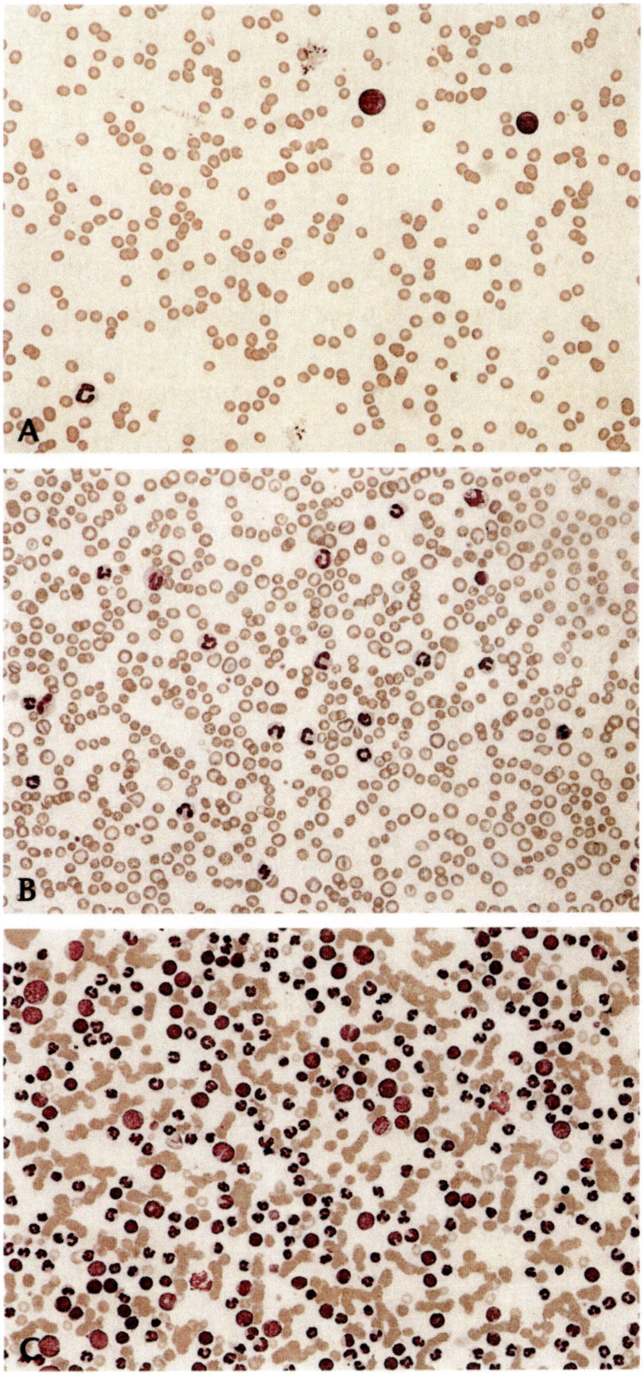

图 3-5

按白细胞计数增加排列的系列血涂片。**A.** 患严重白细胞减少症以及严重贫血的犬血涂片。红细胞和白细胞密度显著降低。**B.** 白细胞计数正常的犬血涂片。**C.** 显著的白细胞增多症（WBC＝158 000/μL）。

- 检查红细胞是否存在多染性红细胞症、红细胞大小不等症、低色素血症、异形红细胞症等。
- 注意任何异常结果(异常细胞、寄生虫)。

► 油镜观察

- 检查红细胞以及确认在低倍镜下观察到的结果(大小、形状、颜色、异常以及任何包涵体)。
- 检查血小板的形态以及分布状况,估计相对数量。
- 检查白细胞形态(异常状况和包涵体)。
- 如果不使用自动分类计数仪,应对白细胞进行分类计数。
- 如果使用了自动分类计数仪,估计分类计数结果并与仪器的报告结果相对比;这种方法可以作为诊所质量控制的方法之一。

定量检测方法

红细胞压积(微量红细胞压积)

► 微量红细胞压积仪,测定准确且可重复性强。所使用的仪器和耗材较便宜,适用于所有诊所(图 3-7)。

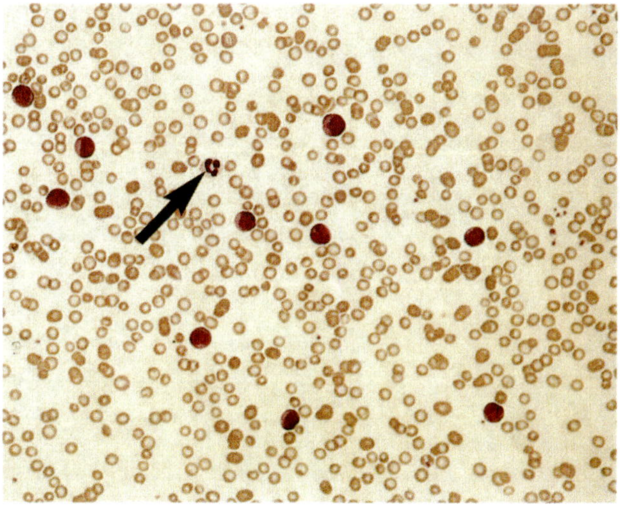

图 3-6

检查血涂片可见主要异常细胞。正常犬猫的血涂片中,大多数白细胞是分叶嗜中性粒细胞。该涂片中,大多数白细胞都是大的单核的细胞。需要注意的是,这些细胞比嗜中性粒细胞(箭头所指)大,且很可能是异型淋巴细胞或癌细胞。

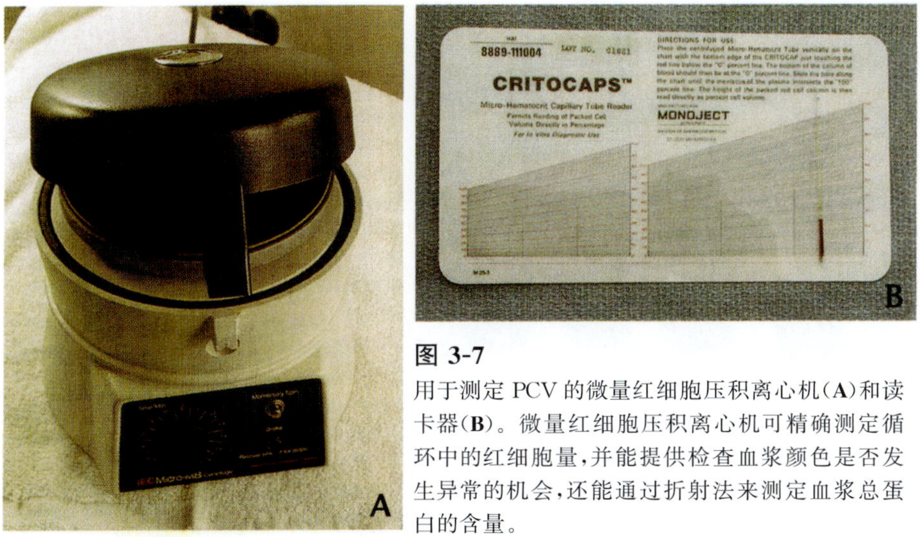

图 3-7
用于测定 PCV 的微量红细胞压积离心机(**A**)和读卡器(**B**)。微量红细胞压积离心机可精确测定循环中的红细胞量,并能提供检查血浆颜色是否发生异常的机会,还能通过折射法来测定血浆总蛋白的含量。

- ▶ 使用高速离心来分离血浆中的细胞。
- ▶ 引起误差的主要原因是,为了节省时间而使血样离心不充分,血浆和细胞没有完全分离,导致 PCV 假性升高。
- ▶ 临床上也可使用自动分析仪来计算和报告红细胞压积。
- ▶ 红细胞压积试管中的血浆外观也能提供非常重要的诊断信息。应注意是否发生了黄疸、溶血和脂血症(图 3-8)。

血浆总蛋白

- ▶ 使用折射法就能测定血浆总蛋白的含量(图 3-9)。犬猫血浆总蛋白的参考值为 5.5~7.5 g/dL。
- ▶ 血浆总蛋白值降低反映了以下某种异常状况:
  - 蛋白质丢失性肾病(以蛋白尿为特征)
  - 蛋白质丢失性肠病(通常与长期体重减轻和腹泻有关)
  - 淋巴丢失(检查是否有胸腔或腹腔渗出)
  - 慢性失血或者严重失血(检查红细胞压积!)
  - 肝脏生成蛋白质减少
- ▶ 血浆总蛋白值升高表明血液浓缩或球蛋白生成增加。

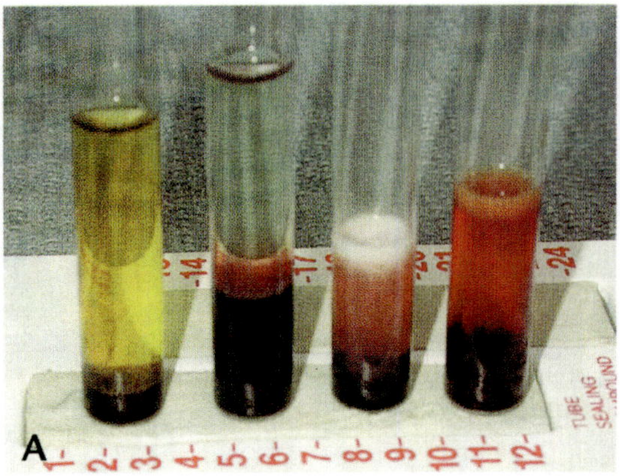

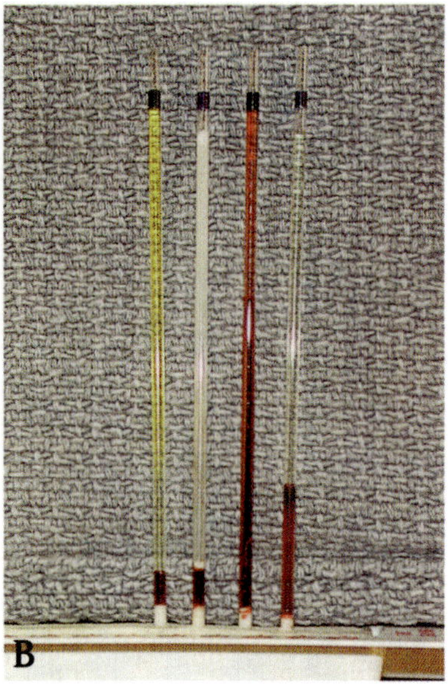

图 3-8

犬血浆颜色异常。大试管(**A**)，从左到右分别是黄疸、正常血浆、脂血症加溶血以及溶血的血浆颜色。由于微量红细胞压积管(**B**)的直径很小，所以很难观察到血浆的颜色异常。从左到右分别是黄疸、脂血症、溶血和正常的血浆。前两份血样采自贫血动物，可见 PCV 显著降低。

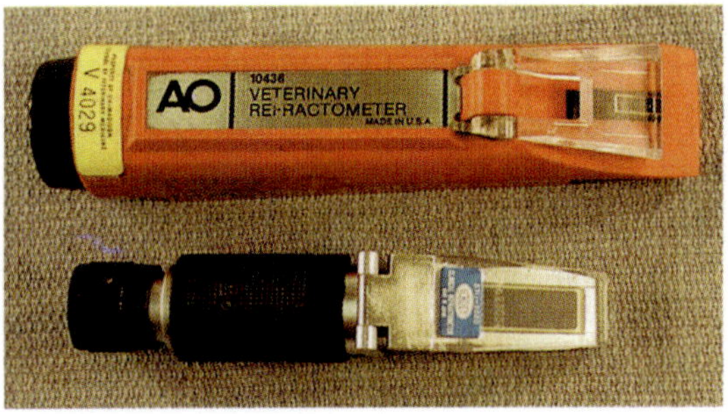

图 3-9

手持折射仪可用于测定血浆总蛋白和尿比重。

- 血液浓缩可导致红细胞参数升高、尿比重增加以及血清电解质升高。
- 球蛋白生成增加最可能是由炎症引起的，一般存在炎性白细胞象。

▶ 血清蛋白和血清白蛋白的水平有助于进一步阐明血浆蛋白的异常。

血红蛋白浓度

▶ 如果没有自动分析仪，那么手持血红蛋白测定仪可提供一种简便、快速的测定血红蛋白含量的方法。

- 有些诊所内的实验室采用电化学方法测定全血中血红蛋白含量。

人工细胞计数(图 3-10)

- 在血细胞计数中，显微镜计数红细胞和白细胞是最古老、最费时的一种方法。
- 所需器材为显微镜和特殊的载玻片(血细胞计数器)。
  - 血细胞计数器具有标定的刻度，在盖玻片和载玻片栅格间可容纳一定量的液体。
  - 也可用于其他体液和渗出液中的细胞计数。
- 血液稀释
  - 红细胞和白细胞所需的稀释度不同。
  - 计数白细胞时，要使红细胞溶解。
  - Unopette® System (Becton Dickinson，Franklin Lakes，NJ)开发了一种方便、可再生的稀释液(图 3-11)。
- 红细胞计数
  - 红细胞可用血细胞计数器计数，但即使熟练的技术员操作，误差也很大。
  - 红细胞计数相对于红细胞压积，提供额外的信息有限，但它可用于计算红细胞参数。人工计数通常误差太大，无法提供可靠的信息。
- 网织红细胞计数
  - 应至少在体外活体染色(新亚甲蓝)的血涂片上计数 1 000 个红细胞。
  - 绝对网织红细胞数等于红细胞计数乘以网织红细胞的百分比。
- 白细胞的分类计数
  - 在油镜下观察染色血涂片。
  - 计数 100～200 个不同类型的白细胞。计数的数量越大，误差就越小。
    - 避免计数细胞重叠和变形区域。
    - 始终使用同一种方式观察血涂片，以确保随机取样和避免同一区域计数两次。
  - 每种细胞类型的百分比乘以白细胞总数得出每种白细胞的绝对值(/uL)。
    - 绝对值(不是百分比)通常用于血象的分析。

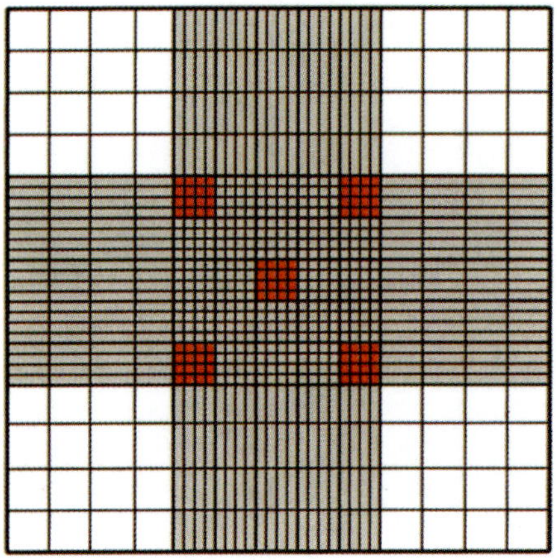

图 3-10A

血细胞计数器栅格线。用于红细胞和白细胞计数。红区＝高倍镜下计数红细胞的区域。白区＝低倍镜下计数白细胞的区域。

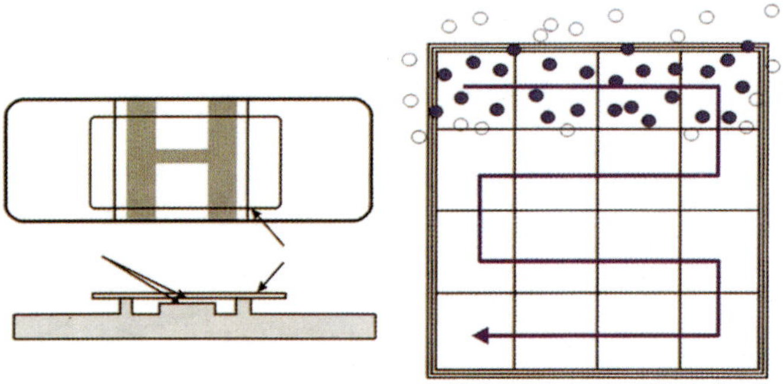

图 3-10B

左：血细胞计数器的栅格与盖玻片之间的距离为 0.1 mm，因此，每个栅格内液体量是一定的。右：箭头代表了计数顺序。三线法：压在上线和左中心线的细胞计数在内（第一排颜色较深的细胞）。压在下线和右中心线的细胞不计在内。双线法：压在上线和左外线的细胞计数在内。压在下线和右内线的细胞不计数在内。

经 Benjamin MM 许可，引自美国 Iowa 州立大学出版社 1978 年出版的 *Outline of Veterinary Clinical Pathology*（第 3 版）。

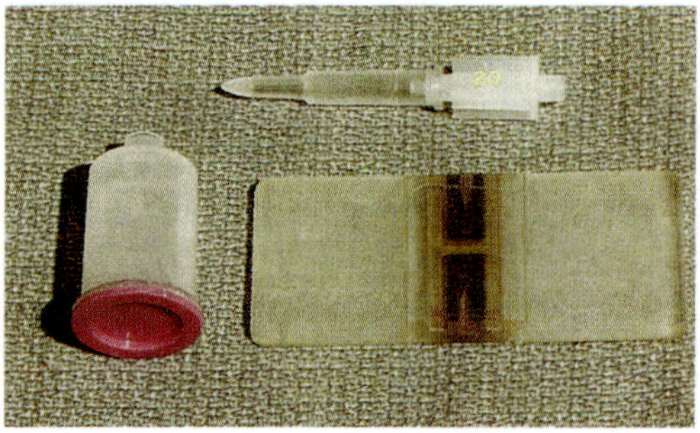

图 3-11

血细胞计数器中用于白细胞和血小板计数的 Unopette® 稀释管和储血器。

- ▶ 血小板计数
  - 可用血细胞计数器和草酸铵稀释液进行计数，但其结果不准确。即使熟练的检验员操作，也容易产生较大误差。
  - 可在血涂片上进行血小板计数。
    - 对于犬猫，在一个油镜视野（100×物镜）中观察到10～12个血小板是正常的。
    - 在100×的视野中无明显血小板团块且血小板数少于10～12个时，意味着血小板减少症，这时需要做血小板计数。

优点

- ▶ 在仪器和耗材方面，人工计数是花费最少的。
- ▶ 可用于流动诊所。

局限性

- ▶ 费时，太花费专业人员的时间。
- ▶ 结果不稳定/不可靠。
  - 即使是经验丰富的化验人员，固有误差为20%或者大于20%。
  - 为获得精确的结果，要求操作人员非常细心和熟练。

自动细胞计数仪

- ▶ 当前已经有许多不同类型和品牌的电子血细胞计数仪，广泛地运用于小动物临床。
- ▶ 所有电子血细胞计数仪得出的结果都比人工计数精确且省时。
  - 与人工计数相比，计数的细胞数更多（几千），且分类计数和绝对计数的重复性好。
- ▶ 有些自动细胞计数仪可进行部分细胞分类计数，最近有些仪器可以进行全血细胞分类计数。
  - 最新推出的自动细胞计数仪，还可以进行精确的血小板计数和网织红细胞计数。
- ▶ 现在使用的自动细胞计数仪具有快速的优点，可在动物看病的当天就出来结果。
  - 因此，特别适合于一些急性疾病的诊断、麻醉前检查和健康动物的临床检查。

- ▶ 自动细胞计数仪可分为两种：半自动细胞计数仪和全自动细胞计数仪。
  - 使用半自动细胞计数仪时，样本需经过人工预处理（如稀释）；全自动细胞计数仪可自动连续完成所有步骤。
- ▶ 所有自动细胞计数仪都必须进行正确的保养并定期校正，以保证结果准确。
  - 备有书面的标准操作步骤，且所有操作仪器的人员都十分熟悉。
  - 应严格按仪器生产商的仪器校正、质量控制以及保养建议操作。建立诊所实验室质量控制的指导方针是十分必要的。
  - 使用专门为分析人类血液样本设计的仪器来分析动物血样时，为了获得准确血象，必须对该仪器做相应改良。
- ▶ 每种方法都有其优点和不足之处（见下文）；像所有的医学技术一样，自动细胞计数仪必须由专门的技术人员来操作使用。
  - 当实验室数据与临床分析不符时，技术人员应先排除实验室误差和采血误差。

阻抗法（图 3-12）

- ▶ 所有的阻抗法细胞计数仪都应用了库尔特（Coulter）原理。
- ▶ 电解质溶液中的细胞稀释液被吸引通过两极之间的小孔。
- ▶ 一颗粒子通过小孔时，会引起电阻变化和一个可测定的电压脉冲。
  - 电压改变的幅度与细胞的大小成比例。
  - 电压脉冲由电子仪器测定、分析和计算。
- ▶ 事实上，红细胞计数时，包括了红细胞和白细胞计数，但是由于白细胞所占的百分数很少，所以，一般忽略不计，除非动物同时发生贫血和白血病。
- ▶ 白细胞计数时，要溶解红细胞。
- ▶ 红细胞和血小板是通过大小来分辨的（电压变化的幅度）。

优点

- ▶ 与人工细胞计数相比，可更快、更有效地利用专业技术人员的时间。
- ▶ 新款阻抗法细胞计数仪为不同动物设立了不同的校正标准。

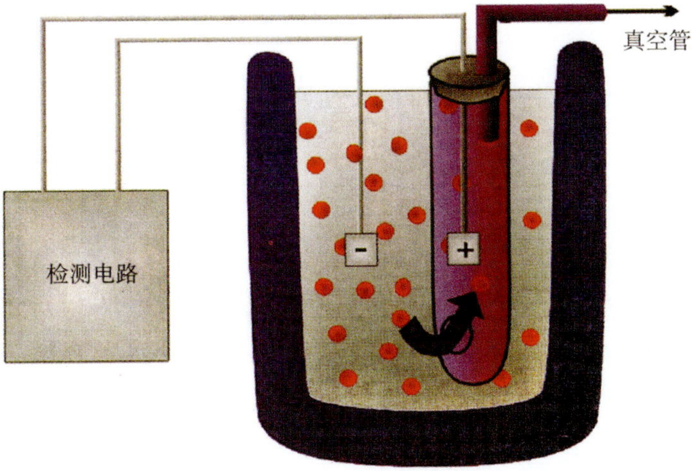

图 3-12

阻抗法细胞计数仪利用库尔特(Coulter)原理。当一颗粒子通过狭小的小孔时,会引起电阻的变化。检测电路会记录其变化幅度(与细胞大小成比例)和数量(与细胞数量相一致)。

- 兽医可使用全自动阻抗法细胞计数仪同时计数红细胞、白细胞和血小板,测定平均红细胞容积,并计算红细胞压积、MCHC 和 MCH。
- 一些新型阻抗法细胞计数仪可进行三分类计数。
- 操作和使用费用相对便宜。

局限性

- 主要缺点是缺乏网织红细胞计数。
- 主要缺点是不能进行全血细胞分类计数。阻抗法细胞计数仪将所有的粒细胞归为一类。
- 一些旧款的阻抗法细胞计数仪对血液样本的处理步骤繁杂(稀释);红细胞计数和白细胞计数必须分开进行。
- 白细胞分类及区分有核红细胞和白细胞的能力相对较差。
  - 白细胞计数必须用有核红细胞数校正。
- 猫血小板和红细胞大小重叠会导致高估红细胞计数和低估血小板计数。
- 白细胞聚集会导致计数减少和人为性白细胞减少症。
- 只能分析细胞核内的物质,不能分析细胞质。

- 不能分辨杆状和分叶嗜中性粒细胞；因此，不能从阻抗法细胞计数仪测得的数据判断核左移。
- 微凝引起的纤维蛋白束，可堵塞小孔而导致计数假性降低。
- 血小板聚集可能会被计数为白细胞，尤其是猫。
- 白细胞计数在红细胞溶解后测定；红细胞没有完全溶解会导致白细胞计数假性升高。
  - 含有海因茨小体的红细胞不能溶解；因此，含有大量海因茨小体的猫红细胞就可能会导致白细胞计数、血红蛋白含量和红细胞参数（MCH，MCHC）假性升高。
  - 多染性红细胞更不易溶解，这也会导致白细胞计数假性升高。

定量淡黄层分析法（QBC）（图 3-13）

- 这种方法以差速离心为基础。
  - 血液在高速离心下分为血浆层、血沉淡黄层和红细胞层。
  - 淡黄层本身又根据白细胞和血小板密度不同而分层；血小板密度最小，位于血浆层下面。紧跟着是单核细胞和淋巴细胞层，嗜中性粒细胞是白细胞中密度最大的细胞，位于红细胞上方。
- 使用专门的吖啶橙包被管，管中含有与淡黄层相同密度的圆柱形漂浮物。当包被管被离心时，该漂浮物可有效减小淡黄层区域的管腔直径，使之在试管中的长度增加，从而有利于分析淡黄层各层。
- 吖啶橙可使核蛋白和其他细胞成分着色，与紫外线接触后就能发出荧光。
- 自动阅读器（QBC® Vet Autoread，IDEXX Laboratories，Westbrook，Maine）对整个淡黄层进行扫描，并记录下由 DNA 和 RNA/脂蛋白产生的荧光强度。密度突然变化表明细胞类型发生变化。每束荧光的相对宽度用于计算细胞数量。
  - 机器会打印出扫描结果和图像。出现意外结果或图像时，该软件会自动报警。

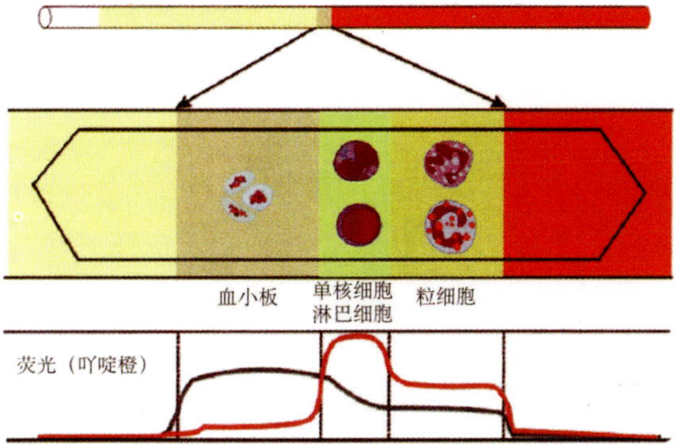

图 3-13
定量淡黄层分析法（QBC）依据各细胞密度不同，采用离心方法分离细胞。QBC 试管中的“漂浮物”可减少淡黄层区域的管腔容积，使淡黄层细胞分布区域变长。细胞类型通过吖啶橙中出现的荧光来鉴别。

优点

- QBC 是一种经济有效的血液样本分析方法。
- 仪器操作简单，相对快捷，大约 7 min 内就出结果，这对于麻醉前检验、急性疾病的诊断特别有意义。
- 红细胞压积、血红蛋白以及白细胞和血小板计数与参考方法相关性好。
- 系统会标记异常状况和意外结果。

局限性

- 主要局限性是不能进行全血细胞分类计数。QBC 不能辨别淋巴细胞和单核细胞。犬嗜酸性粒细胞不一定能与淋巴细胞和单核细胞分离。
- 不能鉴别杆状和分叶嗜中性粒细胞。核左移的程度不能从 QBC 的测定结果中获得。
- 白细胞减少症的检出率偏低。
- 用于红细胞和白细胞计数的运算方法，是在假定细胞的大小和结构正常的前提下进行的。因此，在发生小红细胞症、低色素血症和细胞不成熟时，测定结果没有意义。分析染色血涂片对排除那些导致不精确分类计数的情况十分有意义。

激光流式细胞计数法(图 3-14)

- 激光流式细胞计数法是自动细胞计数方法中最新、最精确的一种方法。
- 在血液学自动检验中,该方法是被普遍认可的金指标。
  - 用于很多商业实验室,但直到最近才用于诊所内的实验室。
- 血细胞悬浮液被分成微小液滴,并穿越激光束。
- 细胞吸收并使激光散射。每种类型的细胞都会产生一种特征性的“信号”,这取决于细胞大小、细胞核结构以及细胞质内的包涵体。
- 目前最先进的流式细胞仪可进行五分类计数、血小板计数、网织红细胞计数以及红细胞参数测定。
- 全自动流式细胞仪无需稀释或者其他样本预处理。
- 最新款全自动流式细胞仪可以给出稀释液中颗粒规格。

优点

- 由于激光流式细胞计数系统可测定各种细胞或血小板的多个参数(细胞核和细胞质物质),因此,与其他方法相比其结果更精确、更可信。
- 可测定,也可忽略成块细胞或血小板。
- 由于血小板微粒产生的激光散射不同于红细胞,因此,能辨别红细胞和大型血小板(常见于猫)。
- 流式细胞计数仪能快速计数并分类大量(>2 000)红细胞,这对于获得精确、可靠的网织红细胞计数是非常有必要的。

局限性

- 在有些仪器中,聚集的血小板颗粒产生的激光散射图像会被误计为白细胞(假性白细胞增多症)。
- 近年来,在技术上的一些突破降低了流式细胞仪的成本,因此,对大多数医院来说,这种仪器的价格是合理的,但对于一些小诊所,或者那些很少使用血液学检验的诊所来说,使用这种方法是不经济的。
- 还需要查看血涂片以检出一些异常状况,如核左移、中毒、反应性淋巴细胞、胚细胞、肥大细胞、微丝蚴和红细胞寄生虫等。

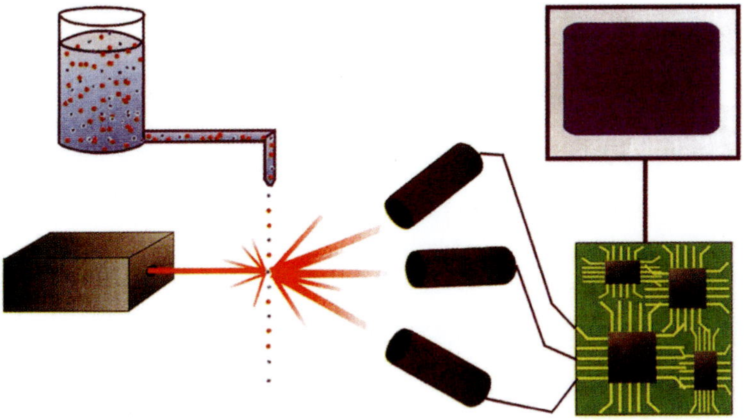

图 3-14
激光流式细胞计数法在单个细胞以微滴经过激光束时测定并计数。每种类型的细胞根据其大小、细胞核以及细胞质内物质散射出不同的特征性“信号”。

商业实验室

- 许多商业实验室都可为兽医提供价格合理的血液学检验服务。
- 商业实验室拥有最先进的仪器，因为它可通过检测大量的血液样本来分期偿还这些先进仪器的花费。
- 主要使用自动细胞计数仪来计数，同时结合熟练技术员进行显微镜检查。

优点

- 经营良好的实验室有质量控制规划来确保检验结果的准确性。
- 检验血涂片的人员每天要检验很多血涂片。因此，他们更可能注意到并诊断出少见或不常见异常表现。
- 异常细胞或者瘤细胞应由专家鉴定，应将罕见或高度异常的样本送至拥有权威兽医临床病理学家的实验室进行鉴定。
- 红细胞寄生虫和包涵体也很难鉴别，应通过专家来鉴定。

- 商业实验室可对异常结果作评论，并咨询兽医临床病理学家。

局限性

- 使用诊所外部商业实验室的主要缺点是时间较长；一般几小时或者直到第二天才能获得检验结果。
    - 对紧急病例或者麻醉前检验，时间问题很关键。
    - 新鲜血涂片应该在诊所内制备好，并与 EDTA 抗凝血样一起送至参考实验室进行化验。
    - 核查所选参考实验室，并确认由熟练技术员检验血涂片。
- 血液学检验具有种属特异性。有些主要进行人类临床病理检验的实验室也会接受动物血样，但这很有可能导致错误的检验结果。
    - 自动血液学检验仪器，用于检测不同种属动物血液时必须重新校准，否则会导致错误结果。
    - 同样地，检验血涂片的人员必须熟悉各种动物的差异，否则他们会对白细胞进行错误分类，还可能将正常的差异误认为是疾病。
    - 大型实验室都拥有很多化验人员。每一位化验人员在检验血涂片时总会有稍许差别。所有的血涂片不可能都按同一种方法检查。
    - 选用兽医参考实验室或者熟悉检验动物血液样本的实验室，且实验室工作人员中必须有兽医病理学家。

4

红细胞

概述

生成

红细胞(RBC)生成于骨髓。

循环红细胞数量受血浆容量变化、红细胞破坏或丢失速度、脾脏收缩、促红细胞生成素(EPO)的分泌以及骨髓生成红细胞的速度等因素影响。

正常的 PCV 由内分泌循环维持,即肾脏受缺氧刺激后生成和释放促红细胞生成素(EPO)。

动脉氧分压(PO_2)降低 ⟶ 肾脏缺氧 ⟶ 肾
↓
红细胞量增加 ⟵ 骨髓 ⟵ 分泌促红细胞生成素

促红细胞生成素能刺激血小板和红细胞的生成。但是,促红细胞生成素不能刺激白细胞(WBC)的生成。

红细胞生成和红细胞数量还受肾上腺皮质、甲状腺、卵巢、睾丸和垂体前叶所分泌的激素影响。

破坏

红细胞具有一定的寿命。犬红细胞的平均寿命约为 100 天。猫的为 85～90 天。

虽然循环红细胞量保持恒定,但是犬每天大约有 1％的循环红细胞被新生红细胞取代(猫的百分比要稍高一点)。新生细胞都是未成熟的形态异常的细胞(体积大、多染性——见“形态”部分)。

衰老红细胞被脾、骨髓和肝脏中的巨噬细胞吞噬和代谢。代谢产生的铁可被重新利用。

功能

红细胞的主要功能是运输氧气至组织细胞,再将二氧化碳运走。

为了便于这种气体交换，红细胞主要由携气可溶性蛋白质（血红蛋白）组成，外面包被一层具有保护作用的细胞膜。

正常红细胞具有流动性，因此，能通过弯曲的毛细血管床，使红细胞与组织细胞紧密贴近。这样能促进有效的气体交换。

生理

红细胞生理与促进红细胞功能和保护红细胞的完整性相匹配。

红细胞的主要代谢途径为无氧糖酵解。糖酵解途径可使红细胞利用最少的氧气产生能量，来维持细胞膜的稳定性。

红细胞还有其他的代谢途径（磷酸己糖支路和高铁血红蛋白还原酶）保护血红蛋白不被氧化。血红蛋白的氧化可导致高铁血红蛋白症和/或海因茨小体生成。

猫的血红蛋白比犬的血红蛋白更容易被氧化，这是因为它含有较多易被氧化的含硫氨基酸。因此，猫比犬更容易出现海因茨小体和发生海因茨小体性溶血性贫血。

形态

正常形态：犬

形状：两面双凹的圆盘状，中央区域呈灰白色（图 4-1）。

大小：6.0～7.0 μm。

缗钱样红细胞（堆积）：中度（图 4-2）。

多染性红细胞（蓝红色的未成熟红细胞）：约占红细胞总数的 1%（图 4-3 和图 4-4）。

在新亚甲蓝染色的涂片上，多染性红细胞与网织红细胞相似（图 4-5）。

豪-乔氏小体（Howell-Jolly bodies）是红细胞内深染的核残体。正常犬红细胞内很少含有这些包涵物（图 4-6）。

图 4-1

红细胞形态正常的犬血涂片。犬的红细胞大小、形状和颜色均一，细胞中央呈灰白色(100×)。

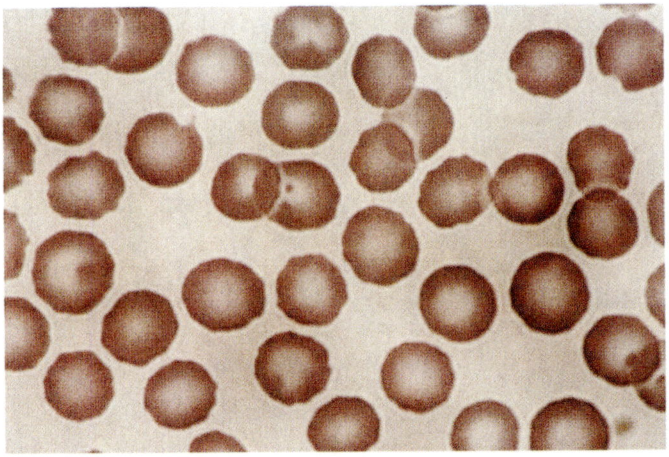

图 4-2

含缗钱样红细胞的犬血涂片。红细胞重叠排列成链状(60×)。

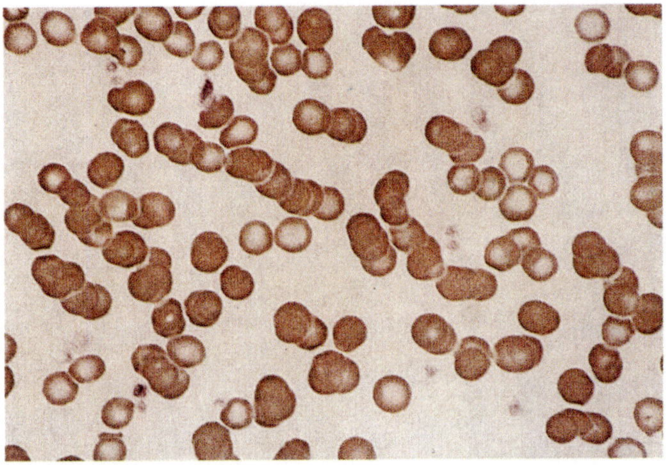

图 4-3

再生性贫血的犬血涂片。观察到的未成熟红细胞，体积较大、胞浆呈蓝灰色。这些细胞被称为多染性大红细胞(100×)。

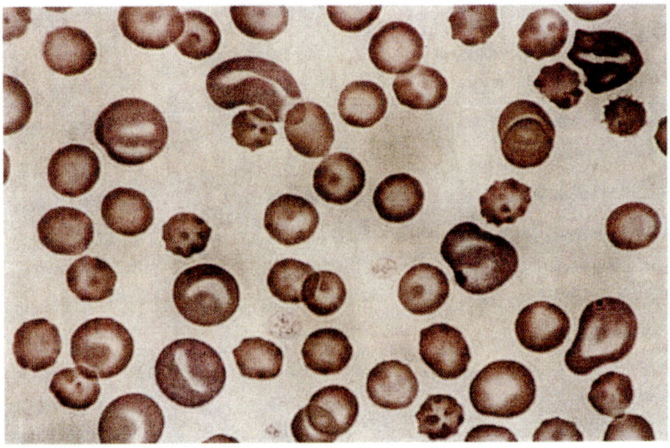

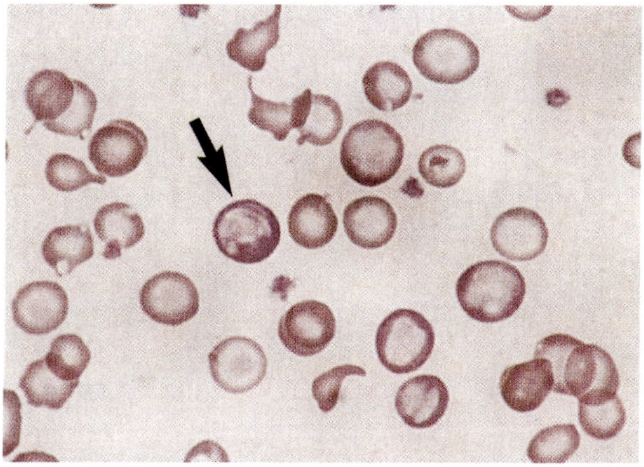

图 4-4

缺铁性贫血的犬血涂片。出现明显的低色素血症和异形红细胞症。由于血红蛋白含量减少,低色素性红细胞的中央灰白区域更大一些。该视野中有一多染性红细胞(箭头所指),其细胞质空泡化或虫蛀样。将这些细胞与图 4-3 中的细胞作比较(100×)。

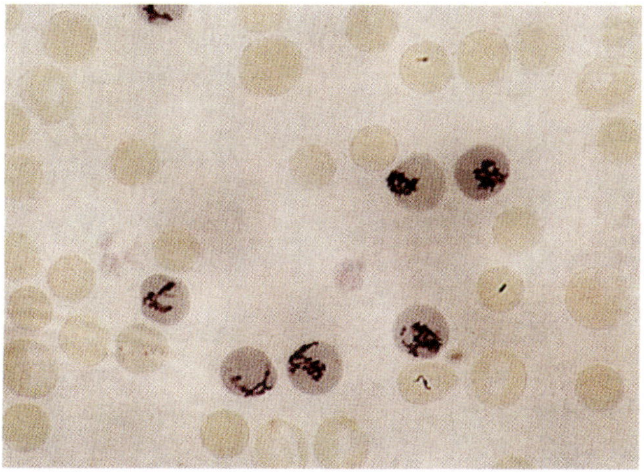

图 4-5

新亚甲蓝染色的犬血涂片。观察到的网织红细胞呈浅黄色,含嗜碱性 RNA 沉淀物(100×)。

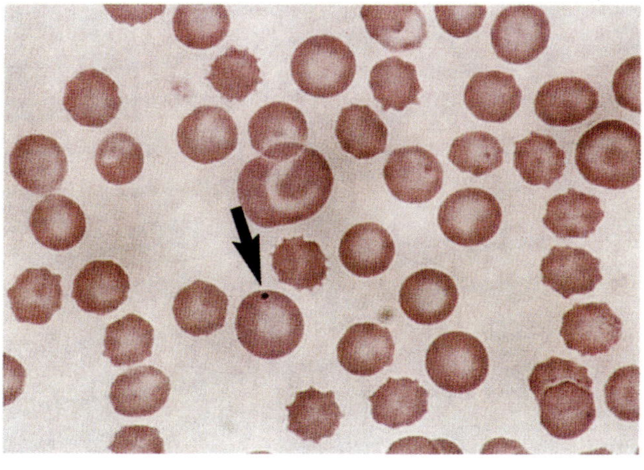

图 4-6

含豪-乔氏小体的犬血涂片。红细胞细胞质内小而圆的嗜碱性包涵物(箭头所指)为细胞核残体(100×)。

正常形态:猫

形状:两面双凹的圆盘状,中央灰白区域很小(图 4-7)。

大小:5.5～6.0 μm。

缗钱样红细胞:显著。

多染性红细胞:占红细胞总数的 1.5%～2.0%(图 4-8)。

豪-乔氏小体:偶尔可见;比犬多见。

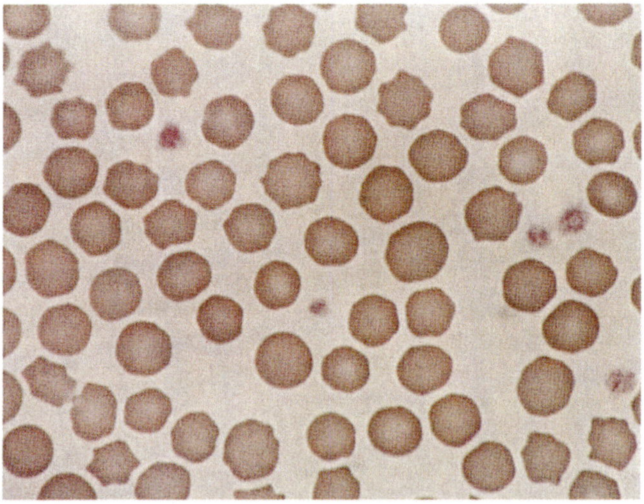

图 4-7
红细胞形态正常的猫血涂片。
猫红细胞比犬红细胞小,稍微有点皱缩,中央灰白区域较小(100×)。

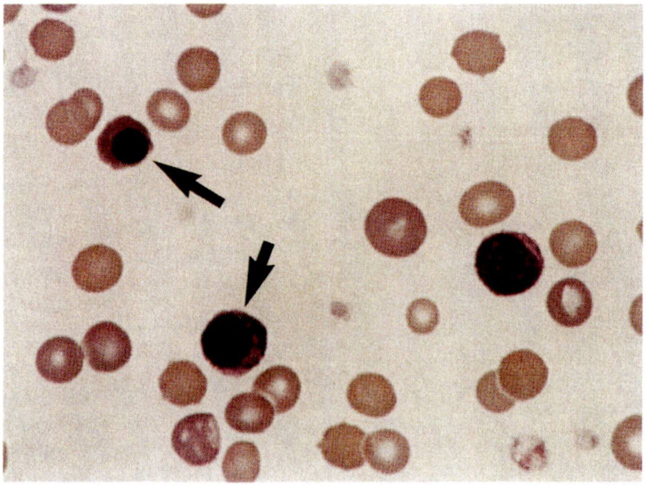

图 4-8
再生性贫血的猫血涂片。可见未成熟红细胞,体积较大、胞浆呈蓝灰色。这些细胞被称为多染性大红细胞。血涂片上有两个比淋巴细胞小的有核红细胞(NRBC)(箭头所指)(100×)。

异常形态

红细胞大小不等症——红细胞大小不一致(图 4-9)。

- ▶ 大红细胞——红细胞变大。
- ▶ 小红细胞——红细胞变小。

多染性红细胞症——血涂片上多染性红细胞的数量增加。

低色素血症——血红蛋白含量减少。低色素性红细胞呈现较大的中央灰白区域(图 4-10)。

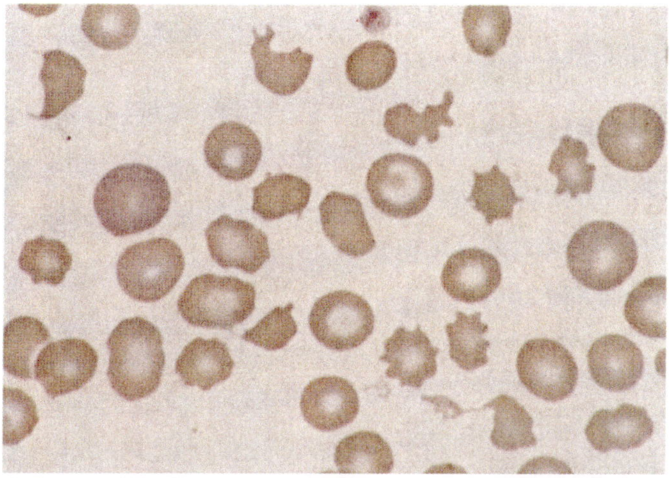

图 4-9
犬血涂片。大红细胞、球形红细胞、裂红细胞、棘形红细胞和小红细胞导致了明显的红细胞大小不等症和异形红细胞症(100×)。特殊异形红细胞的鉴定见后文。

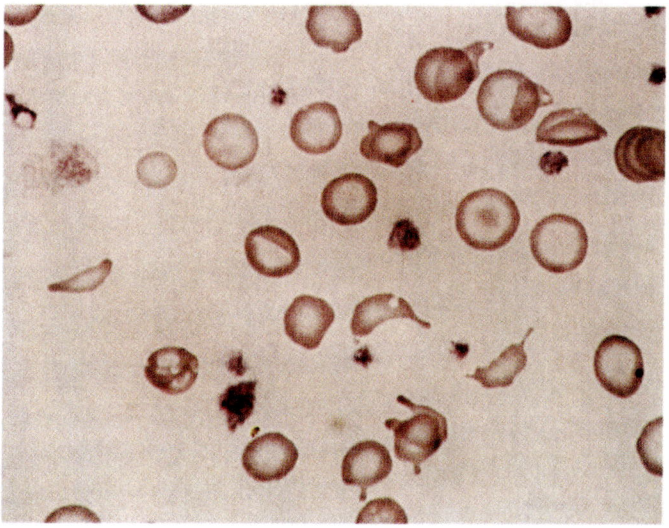

图 4-10
犬血涂片。大量的异形红细胞、显著的低色素血症以及明显的小红细胞症。血小板多且大。这些变化通常与慢性出血继发的缺铁有关(100×)。

异形红细胞症——出现形状异常的红细胞。

- 棘形红细胞——红细胞表面有 2～10 个钝长的指状突起(图 4-11)。
- 球形红细胞——小而圆的红细胞,深染,没有中央灰白区域(图 4-12)。
- 卵圆红细胞——卵圆形的红细胞。
- 泪细胞——泪滴状的红细胞。
- 口形红细胞——呈杯状的红细胞(图 4-12)。
- 海因茨小体——被氧化的血红蛋白沉淀。通常在红细胞表面呈鼻状突起(图 4-13 和图 4-14)。

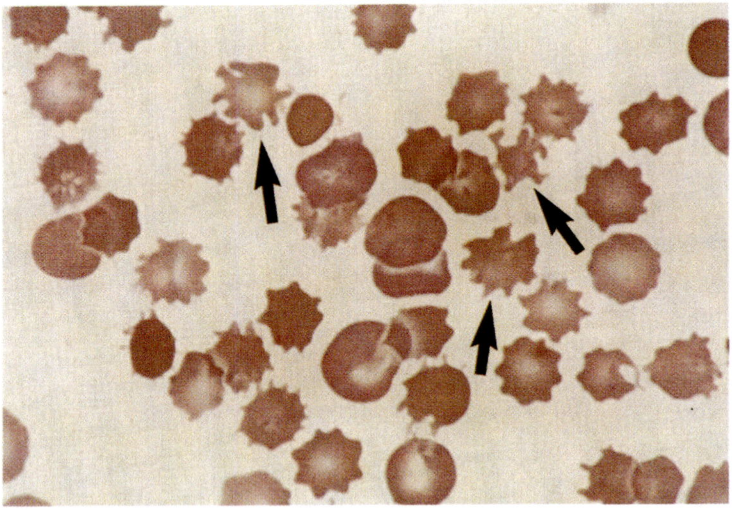

图 4-11

犬血涂片。该血涂片中的异形红细胞具有不规则的细胞膜突起,突起顶端呈圆形。这些细胞称作棘形红细胞(箭头所指),这意味着在体内发生了某些病变,不是人为因素引起的。棘形红细胞通常与肝脏内的血管肉瘤有关,还能观察到少量球形红细胞(100×)。

- 偏心红细胞——血红蛋白集中于细胞的一极,另一极为未着色区域(图 4-15 和图 4-16)。
- 裂红细胞——形状不规则,通常呈不规则的三角形,为红细胞碎片(图 4-17)。
- 锯齿状红细胞——边缘褶皱、拉长的红细胞(也称作锯齿状卵圆红细胞)。

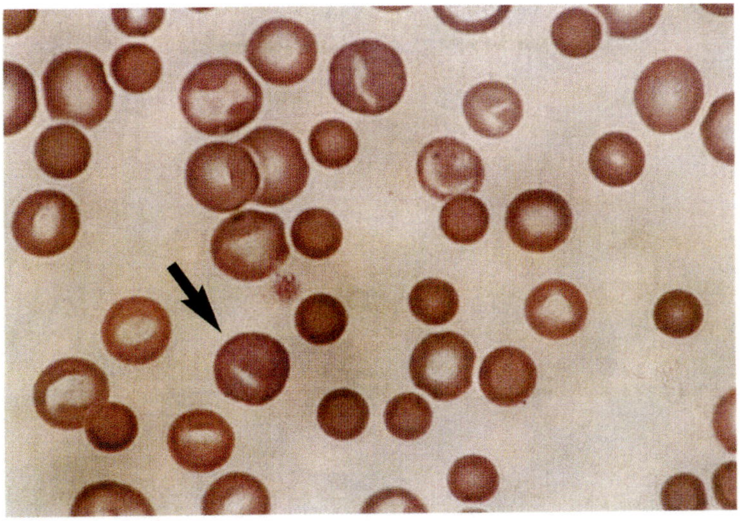

图 4-12

犬血涂片。球形红细胞性再生性贫血。大红细胞和球形红细胞形成红细胞大小不等症，球形红细胞比正常红细胞小且没有中央灰白区域。球形红细胞与免疫疾病或者红细胞破裂引起的溶血性贫血有关。中央灰白区域呈棒状的多染性红细胞（箭头所指）就是口形红细胞（100×）。

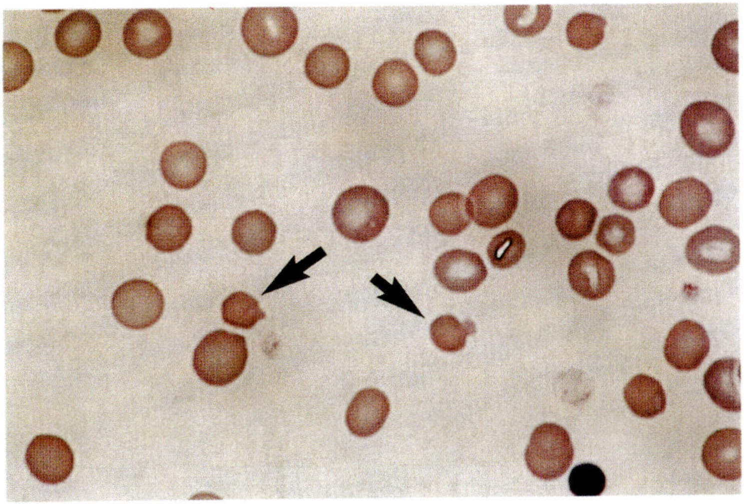

图 4-13

猫血涂片。海因茨小体性溶血性贫血。再生性贫血在形态学上表现为红细胞大小不等症和多染性红细胞症。较小的红细胞（箭头所指）上有一个圆形的突起，即为海因茨小体。这种包涵体是由于药物、有毒植物、某些化学物质和代谢疾病等因素，导致红细胞发生氧化损伤而引起的。临床表现和血常规均正常的猫，其血液内也可观察到海因茨小体（100×）。

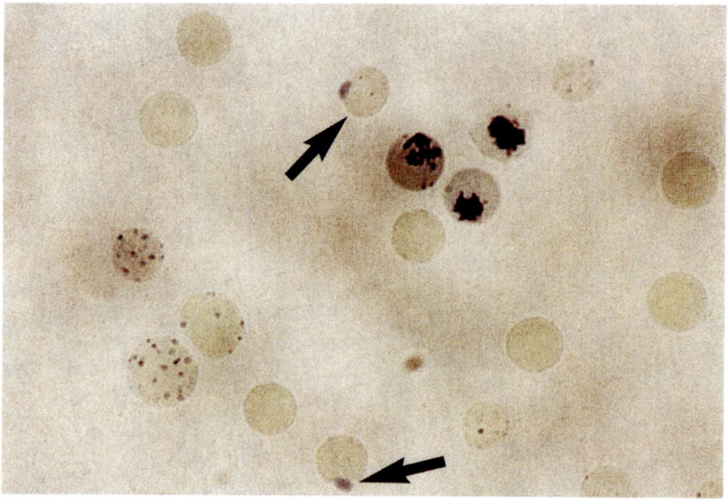

图 4-14

猫血涂片。新亚甲蓝染色。可在红细胞边缘观察到蓝色包涵体——海因茨小体(箭头所指)。也能观察到聚集型和斑点型网织红细胞。聚集型网织红细胞的胞浆内含有一定量的 RNA 沉淀聚集。视野中心偏左的斑点型网织红细胞,其胞浆内含有许多分散的独立 RNA 颗粒沉淀。在进行网织红细胞绝对计数时,只计数聚集型网织红细胞来分析再生性反应(100×)。

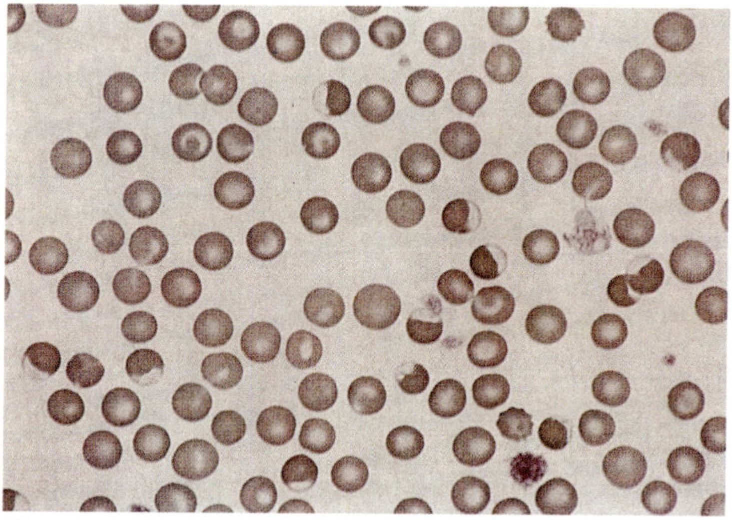

图 4-15

犬血涂片。溶血性疾病。可见着色血红蛋白偏于一侧的红细胞(偏心红细胞)。几乎没有红细胞大小不等症或多染性红细胞症的迹象(60×)。

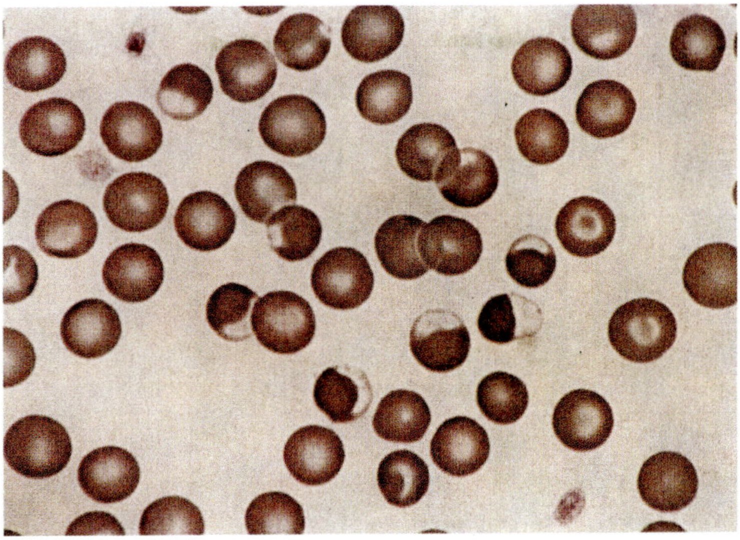

图 4-16

犬血涂片。溶血性疾病。可观察到大量的偏心红细胞或“水泡细胞”(blister cell)。这些红细胞的血红蛋白都偏于一侧，是因为对侧的细胞膜由于氧化损伤而发生了融合，导致该变化的原因与引起海因茨小体的原因一样(100×)。

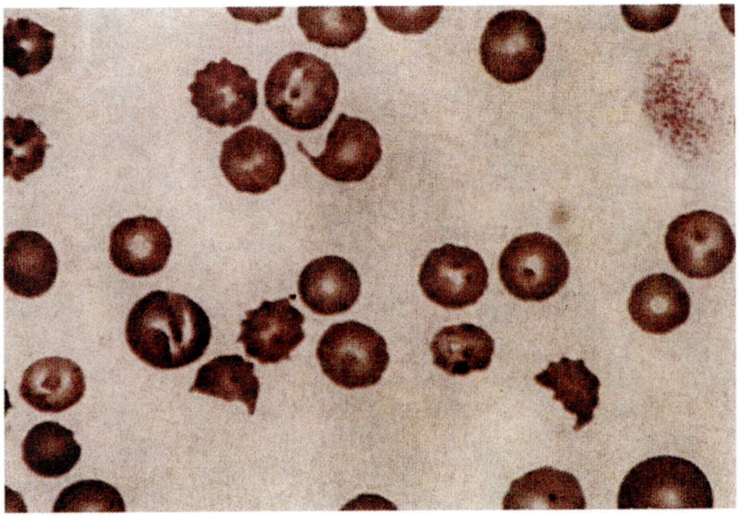

图 4-17

犬血涂片。裂红细胞。红细胞破裂形成了裂红细胞。红细胞被卷曲血管、血管内的纤维沉淀或者剧烈的湍流切割时，就会形成裂红细胞。这些红细胞的边缘具有明显的切口，使红细胞形成一个膜性“小尾巴”，且这些红细胞呈头盔状(100×)。

人为异常

锯齿状红细胞：出现表面覆盖有钉状突起的红细胞（图 4-18）。

- 锯齿状红细胞是血涂片中最常见的人为异常。
- 锯齿状红细胞易与棘形红细胞发生混淆。
- 锯齿状红细胞更常见于 EDTA 抗凝血制作的血涂片。
- 锯齿状红细胞与真正的异形红细胞症不同，锯齿状红细胞会影响血涂片中某一区域内的所有红细胞，而真性异形红细胞症只影响血涂片中散在的红细胞。

红细胞表面“泡影”（图 4-19）。

- 红细胞表面的“泡影”最常见于未干就染色的血涂片。
- 这些“泡影”可能是气体从红细胞中溢出时形成的。

染料沉淀

- 在罗曼诺夫司基（Wright’s，Diff Quik）染色的血涂片上，通常可以观察到染料沉淀的聚集。
- 红细胞边缘的染料沉淀必须与血巴尔通体（*Haemobartonella*）区分开来（图 4-20 和图 4-21）。

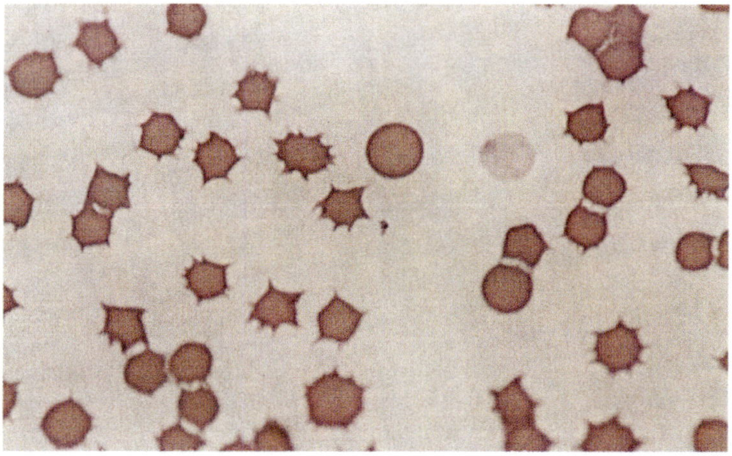

图 4-18

细胞膜上出现短而规则、顶端尖锐的突起时，表明出现了人为引起的红细胞形态异常，称为锯齿状红细胞。采血后血涂片制备延迟或风干时引起的人为异常均可引发这种变化（100×）。

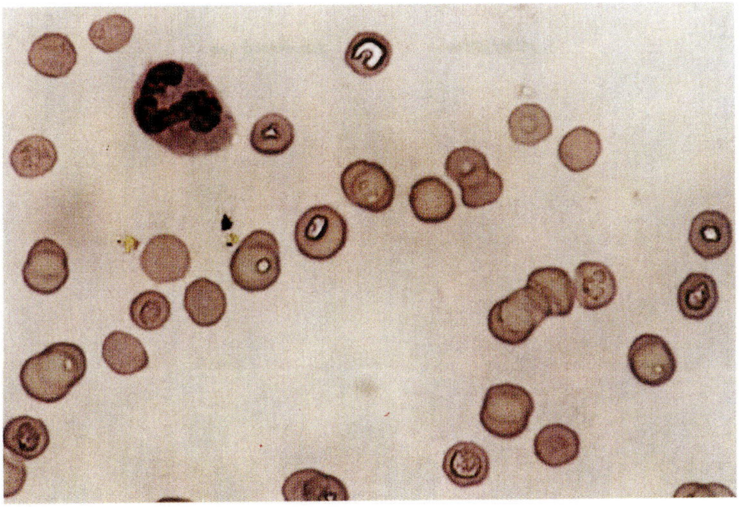

图 4-19

猫血涂片。人为引起的折射。细胞中央灰白区域内含有气泡，可产生一个折射性的圆形结构，这会与红细胞包涵体相混淆。当旋动微调时，这些结构呈“宝石样”，但可以看清它位于红细胞膜外（100×）。

- 染料沉淀还必须与嗜碱性点彩区分开来（图 4-22）。

红细胞染色过度

- 与福尔马林烟雾接触过的血涂片，在染色时会出现大面积的绿色斑点。在这种血涂片中很难识别多染性红细胞。
- 血涂片与罗曼诺夫司基染料的碱性（蓝色）成分接触时间过长，也会导致红细胞染色过度，从而很难辨别多染性红细胞症。

刮伤血涂片

- 用薄纸或者擦镜纸来擦干或吸干血涂片，或者除去血涂片表面的油会留下刮痕，应避免。
- 刮痕在显微镜下可见细胞呈线状损伤，尤其是红细胞。
- 造成的碎裂红细胞可能会被误认为是裂红细胞。

假性血小板减少症

- 血小板聚集会导致血小板计数的假性减少，尤其是猫（图 4-23）。

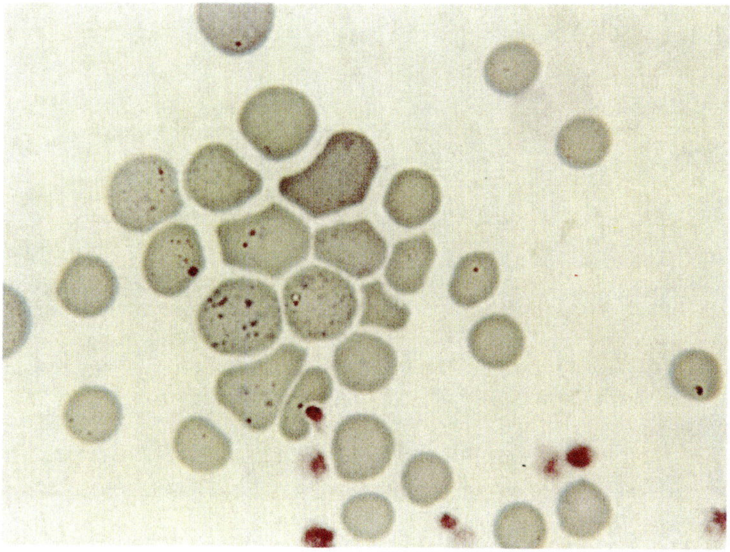

图 4-20

犬血涂片。人为导致的颗粒沉淀。染料沉淀有时可以黏附于红细胞，形成类似于寄生虫或包涵体的形态。这些颗粒大小不等，且与犬常见红细胞寄生虫都不相似。如果调节焦距，这些物质呈“宝石”样或者折光性小体样（100×）。

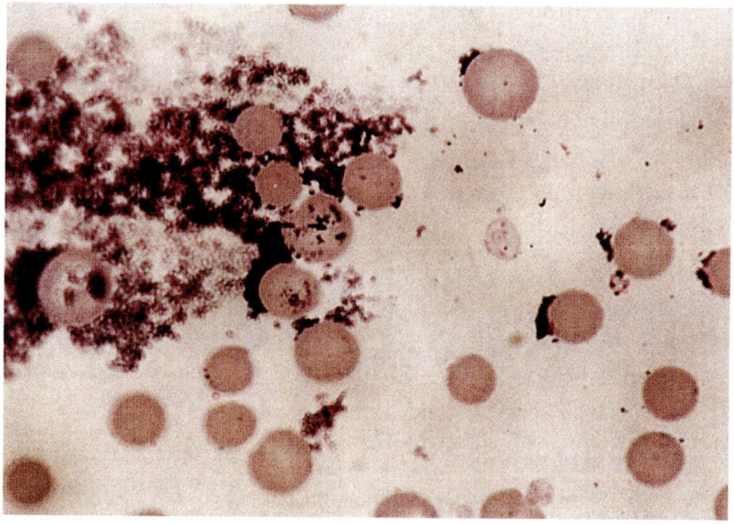

图 4-21

猫血涂片。染料沉淀。遮蔽红细胞的嗜碱性颗粒物质是沉淀的染料。这种物质有时可被误认为细菌或者红细胞寄生虫（100×）。

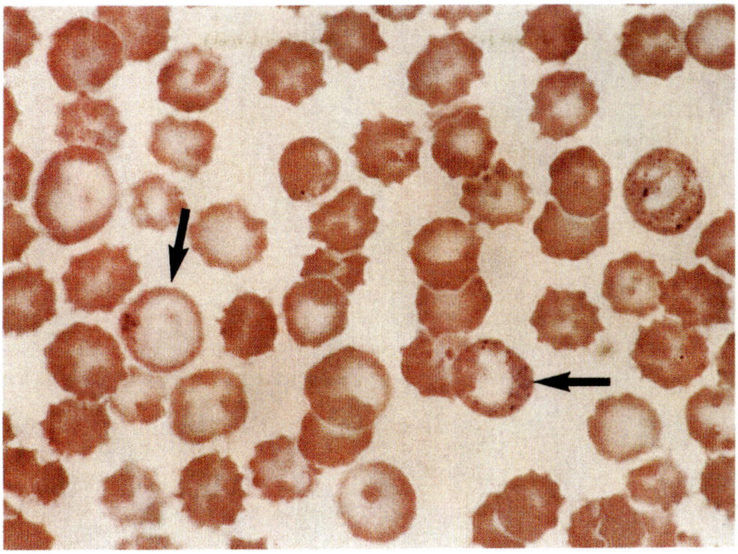

图 4-22

犬血涂片。嗜碱性点彩。一些红细胞的胞浆内含有细小的嗜碱性颗粒(箭头所指)。犬猫发生严重的再生性贫血,或者犬发生铅中毒时,可观察到嗜碱性点彩。发生中毒时,常伴发有核红细胞的释放紊乱(100×)。

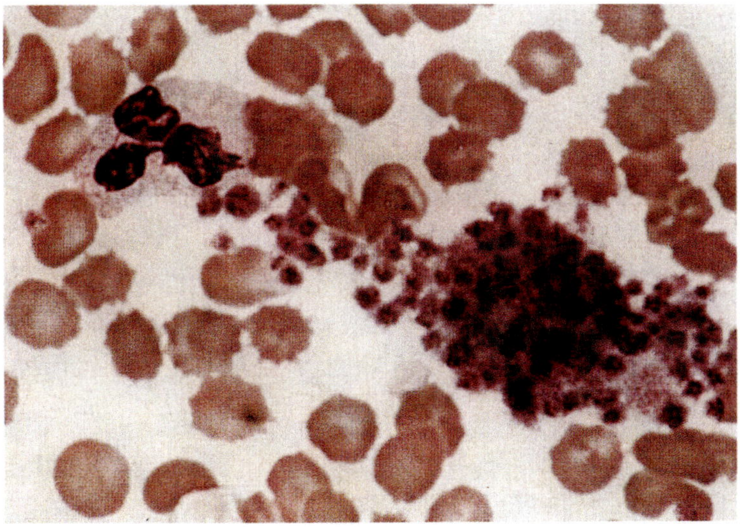

图 4-23

犬血涂片。血小板聚集。血小板聚集通常会导致血小板计数的假性降低,尤其是猫。常由采集血样时的人为因素引起。仪器测定的血小板计数偏低时,应检查血涂片中聚集的血小板(100×)。

数量

贫血

贫血就是红细胞数量减少。

根据骨髓的反应性可将贫血分为再生性贫血和非再生性贫血。

再生性贫血

再生性贫血是指贫血时骨髓红细胞生成增加，最终使红细胞数量达到正常值。

- ▶ 在常规染色血涂片上，外周循环血液中的多染性红细胞增多（幼稚红细胞——见“形态”部分）反映了的红细胞的生成增加。
- ▶ 鉴别再生性贫血和非再生性贫血的第一步就是观察血涂片。

在常规染色血涂片上观察到多染性红细胞增多时，应该进行网织红细胞计数。

网织红细胞计数超过 80 000/μL 时，表明为再生性贫血。

再生性贫血主要由失血或者溶血引起。

再生性贫血：失血/出血

通过病史、临床症状以及临床检查，通常可以找到引起失血的原因。

一般说来，失血性贫血引起的骨髓反应性要低于溶血性贫血。主要原因是，一旦发生失血，机体会同时丢失铁，而铁是血红蛋白合成不可或缺的物质。

如果失血严重或慢性失血，就会发生铁耗竭和/或铁缺乏，从而导致非再生性贫血。

缺铁性非再生性贫血通常引起小红细胞症（红细胞体积变小）和低色素血症（血红蛋白减少）。对缺铁性贫血的介绍与图解见 p. 59。

因为失血包括血浆蛋白的丢失和血细胞的丢失，所以失血性贫血会引起血浆蛋白、血清蛋白、白蛋白和球蛋白的含量下降。

一般认为，网织红细胞绝对计数在 80 000～200 000/μL 之间时，意味着失血性贫血或者溶血性贫血。

- ▶ 网织红细胞数量超过 200 000/μL 时，应怀疑是溶血性贫血。

再生性贫血:溶血性疾病

由于红细胞破坏速度加快而导致循环红细胞寿命缩短时,就会发生溶血性贫血。

- ▶ 红细胞缺陷(先天性或者获得性)或者红细胞循环通过的微血管发生缺陷都会引起溶血。

溶血可发生于血管内(红细胞在循环时)或者血管外。

- ▶ 血管外溶血与脾脏和肝脏巨噬细胞破坏和吞噬受损的红细胞有关。
- ▶ 许多溶血性疾病同时存在血管内溶血和血管外溶血。

血红蛋白血症和/或血红蛋白尿只见于严重的血管内溶血病例。

黄疸可见于血管内溶血性贫血或者血管外溶血性贫血。

由于溶血性贫血与红细胞缺陷有关,因此,红细胞形态学变化通常与引起溶血性贫血的原因有关。下面列出了犬猫常见的溶血性贫血及其描述。

溶血性疾病:免疫介导性溶血性贫血(IMHA)

- ▶ 犬猫都可发生。
- ▶ 发病机理:
  - 红细胞在循环过程中被抗体包被(图 4-24)。
  - 抗体包被的红细胞在血管内发生溶解(由于跟补体结合)或者被肝脏和脾脏内的巨噬细胞清除。
- ▶ 抗体可能是针对红细胞本身(自体免疫性溶血性贫血)的,也可能是针对外源抗原的。
- ▶ 能导致免疫介导性溶血性贫血的疾病有:
  - 心丝虫病
  - 淋巴瘤
  - 红斑狼疮
  - 药物诱发的免疫介导性溶血

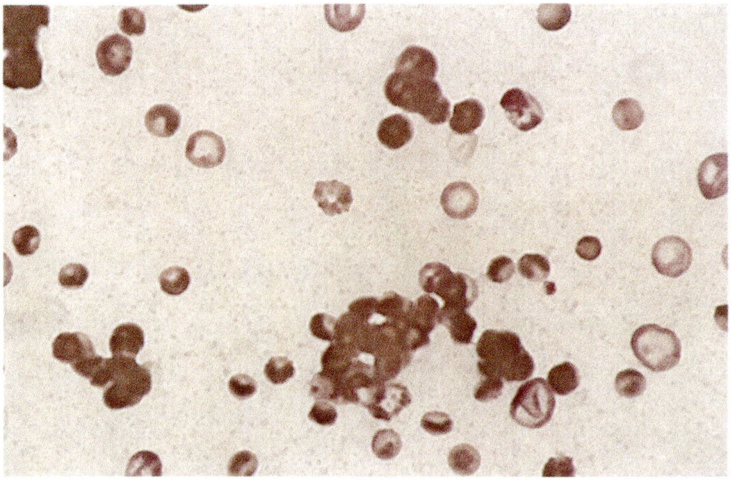

图 4-24

犬血涂片。红细胞凝集。视野中有三处红细胞聚集成团。抗体在相邻红细胞之间形成桥接时，红细胞就会发生凝集(100×)。

- ▶ 免疫介导性溶血性贫血的红细胞形态学特点是出现大量的球形红细胞(图 4-25 和图 4-26)。
- ▶ 球形红细胞具有以下特点(图 4-26)：
  - 体积较小
  - 圆形
  - 深染
  - 没有中央灰白区域
- ▶ 还会出现影细胞(图 4-25 和图 4-27)。
- ▶ 血涂片观察显示为免疫性溶血时(球形红细胞和再生性贫血)，可通过库姆斯试验(Coomb's test)(直接抗球蛋白试验)来确诊。
- ▶ 进行库姆斯试验时，应采用特定动物的库姆斯试剂，否则会出现假阳性的结果。
- ▶ 库姆斯试验假阴性的结果也很常见，可通过要求实验室使用连续稀释的库姆斯试剂来减少假阴性结果。
- ▶ 库姆斯试验呈阳性结果表明红细胞凝集。
  - 红细胞自体凝集可见于一些免疫介导性溶血病例(图 4-24)。
  - 如果出现红细胞自体凝集，那么不需要通过库姆斯试验就可确诊为免疫性溶血。

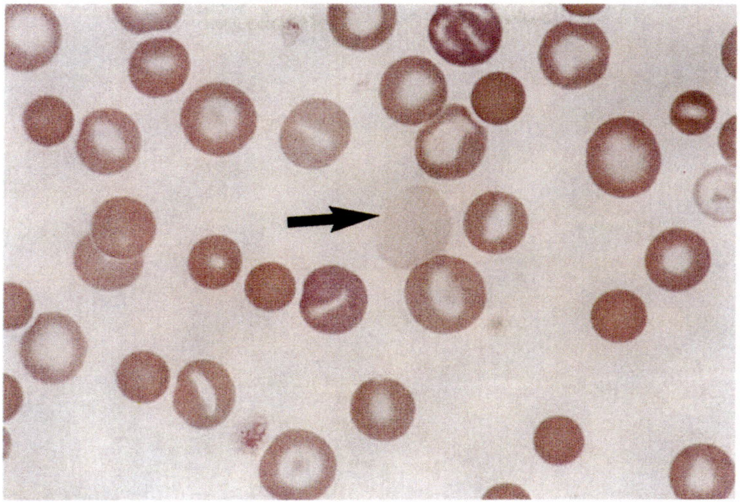

图 4-25

犬血涂片。球形红细胞增多症。那些没有中央灰白区域、体积较小的红细胞就是球形红细胞。这些细胞常见于发生免疫介导性溶血性疾病的犬。还见于红细胞破碎性溶血。在视野中央可观察到一个影细胞(箭头所指),这表明存在一定程度的血管内溶血(100×)。

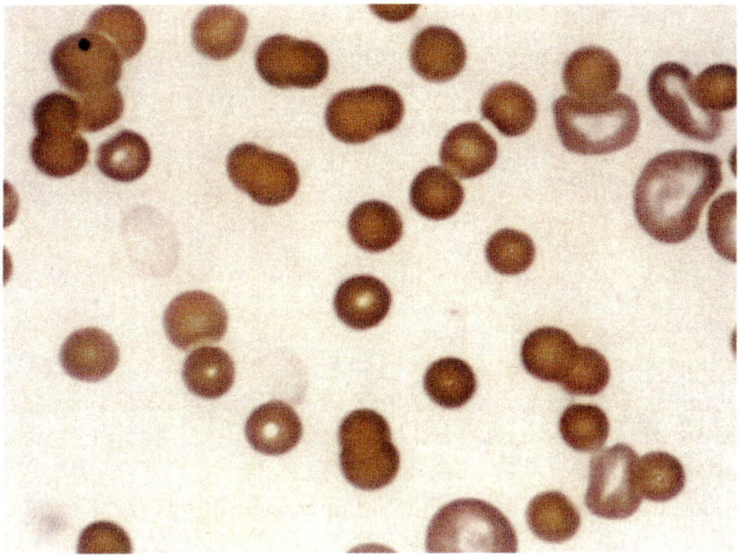

图 4-26

球形红细胞增多症。如果这是一张猫的血涂片,那么红细胞的形态表明出现再生性贫血。没有中央灰白区域的小红细胞是正常的猫红细胞。然而,这是一张犬的血涂片,没有中央灰白区域的小红细胞是球形红细胞。该犬由于免疫介导性溶血性疾病而出现了显著的球形红细胞增多症(100×)。

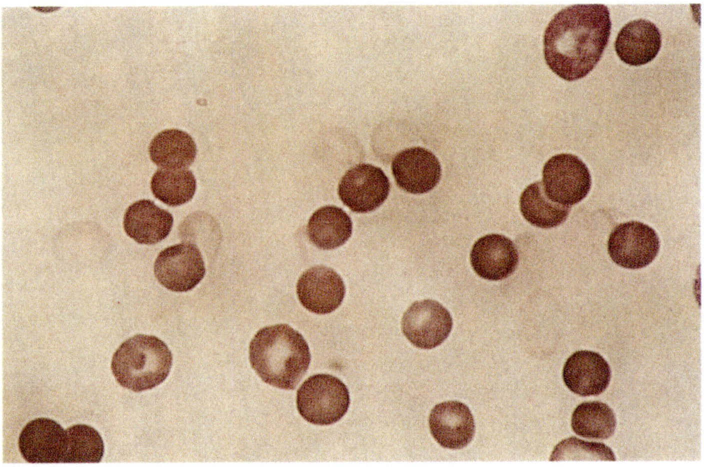

图 4-27

犬血涂片。影细胞。在血涂片中观察到一些红细胞的细胞质内几乎不含血红蛋白。影细胞通常表明发生了血管内溶血,可与免疫介导性疾病、海因茨小体性溶血或红细胞破碎同时发生(100×)。

- 血涂片上观察到的红细胞自体凝集就像立体的红细胞团块。这可能会与缗钱样红细胞混淆。
- 红细胞自体凝集和缗钱样红细胞可通过检查生理盐水稀释的湿涂片来区分。
  - 将一滴 EDTA 抗凝血滴于载玻片上。
  - 再加两滴等渗盐水。
  - 盖上盖玻片并镜检。如果存在红细胞团块,那么可确定为红细胞自体凝集。

溶血性疾病:海因茨小体性贫血

- 犬猫均可发生。
- 发病机理:
  - 循环中的氧化剂作用于红细胞血红蛋白的两个基本位点:珠蛋白中氨基酸的巯基和亚铁。
  - 珠蛋白氧化可生成沉淀并形成海因茨小体。
  - 铁氧化可导致高铁血红蛋白血症。
  - 高铁血红蛋白血症和海因茨小体可发生于同一个患病动物,但通常其中一个占主导地位。
  - 海因茨小体十分常见且容易辨别。

- ▶ 大多数海因茨小体性溶血性贫血病例都是由于摄入某些氧化物而引起的，如洋葱，或者是一些药物的氧化作用导致的，如对乙酰氨基酚（图 4-28）。
- ▶ 海因茨小体是氧化血红蛋白的沉淀。
  - 它们通常附着于红细胞膜，呈鼻状突起。
  - 海因茨小体已经脱离（分开）的细胞也能观察到；这些细胞称为咬损红细胞（bite cells）。
- ▶ 海因茨小体性溶血性贫血时，常能观察到偏心红细胞。
  - 偏心红细胞是缺乏中央灰白区域的红细胞。
  - 所有的血红蛋白都集中于红细胞的一侧。
  - 红细胞的另外一侧，在清晰的细胞膜旁边是一小块未着色的细胞质区域。
- ▶ 红细胞的细胞膜发生氧化时，就会形成偏心红细胞。氧化使红细胞对侧的细胞膜融合，最终将血红蛋白推至细胞一侧。

侧视图

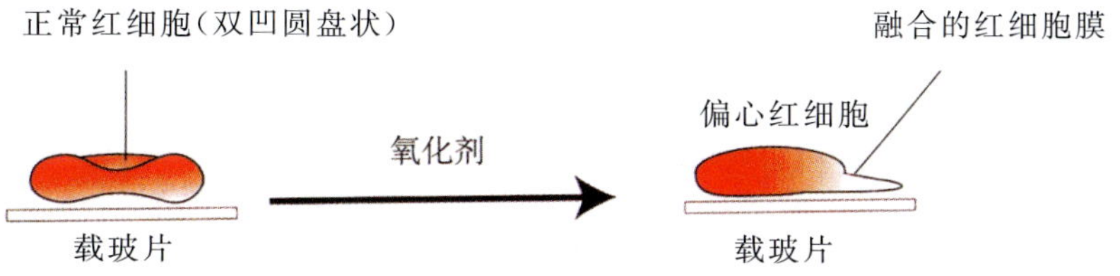

顶视图

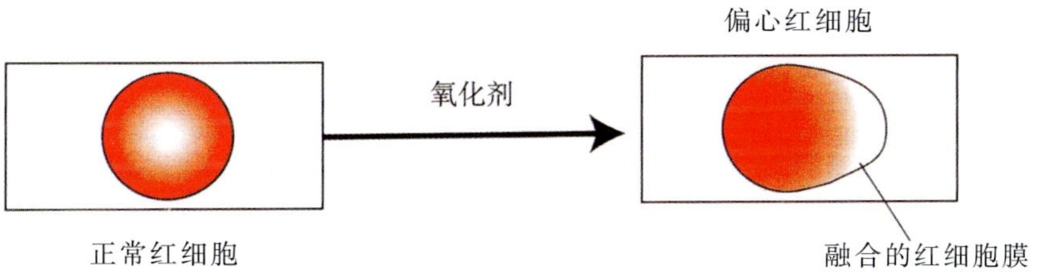

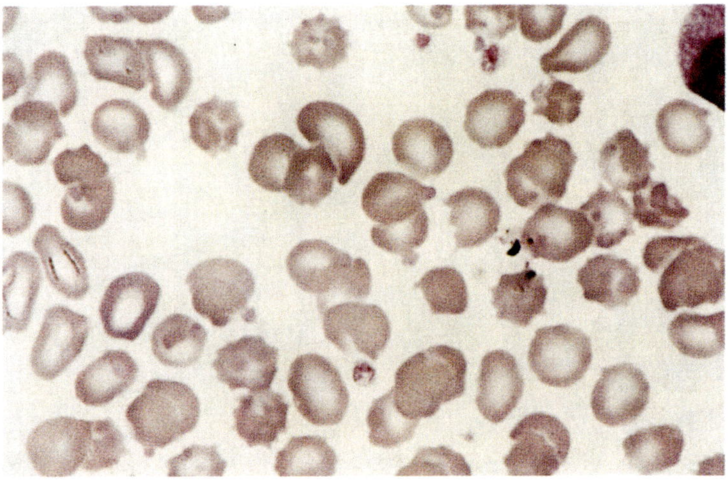

图 4-28

犬血涂片。海因茨小体。大多数红细胞膜上都有圆形突起，这就是海因茨小体。该犬采食了洋葱，洋葱可导致红细胞发生氧化损伤，并形成海因茨小体(100×)。

- ▶ 在常规染色的血涂片上，海因茨小体的着色特点与血红蛋白的一样。
- ▶ 在新亚甲蓝染色的血涂片上，海因茨小体呈蓝绿色(图 4-29)。
- ▶ 猫血红蛋白比犬血红蛋白对氧化损伤更敏感。
  - 因此，猫更易发生海因茨小体性溶血。
  - 另外，在猫的某些代谢性疾病(如糖尿病、肝脏疾病、甲状腺机能亢进等)中，不表现溶血性贫血症状，但存在大量的海因茨小体。
- ▶ 诊断猫海因茨小体性溶血性贫血时，需要证明存在大量的海因茨小体，并且同时存在显著的再生性贫血。
- ▶ 对于犬，如果存在海因茨小体，即可确诊为海因茨小体性溶血性贫血。

溶血性疾病：猫血巴尔通体病

- ▶ 由猫血巴尔通体(*Haemobartonella felis*)引起的。
- ▶ 猫血巴尔通体在红细胞表面呈嗜碱性的棒状物(1 μm)或者环状物(图 4-30 和图 4-31)。

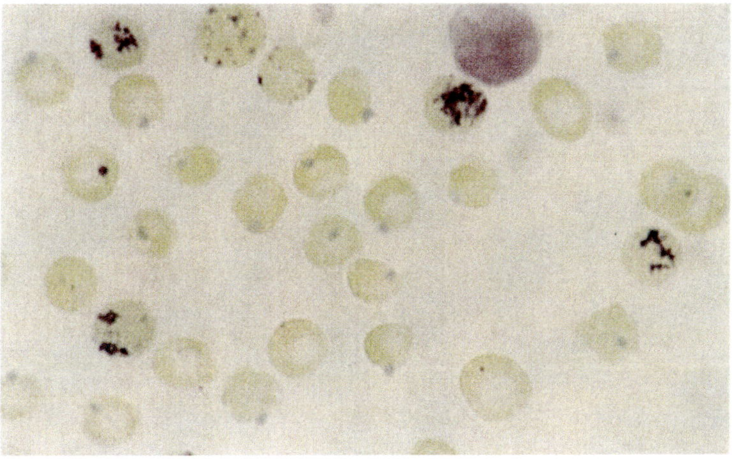

图 4-29

犬血涂片。新亚甲蓝染色。红细胞膜边缘的蓝绿色包涵体为海因茨小体。还能看到网织红细胞(100×)。

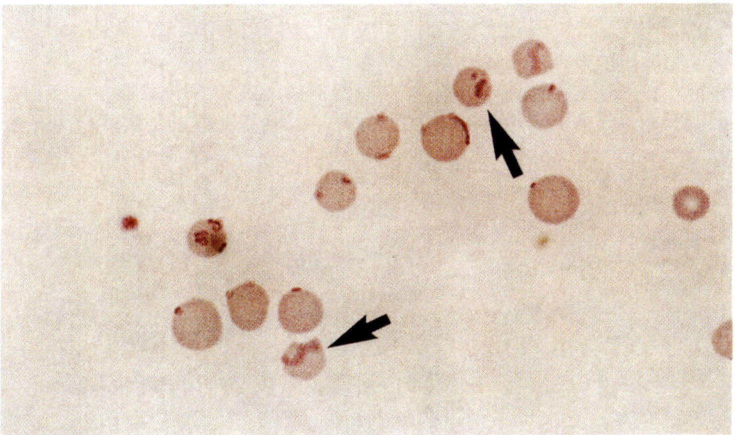

图 4-30

猫血涂片。猫血巴尔通体。在贫血猫的血涂片上,可以看到呈棒状和球形的猫血巴尔通体。在一些红细胞表面还能看到环状物(箭头所指)(100×)。

- ▶ 猫血巴尔通体必须与染料沉淀(图 4-20)和猫焦虫(*Cytauxzoon felis*)(图 4-32)区分开来。
- ▶ 猫血巴尔通体病可作为原发病发生,也可继发于其他免疫抑制性疾病,如猫白血病、猫艾滋病或者猫传染性腹膜炎感染。
- ▶ 原发性猫血巴尔通体病,表现为典型的再生性溶血性贫血。在外周血液中,会间歇性地出现大量血巴尔通体。

- 继发性血巴尔通体病，通常表现为严重的非再生性贫血。
- 原发性和继发性血巴尔通体病都可能含有一种免疫介导成分，库姆斯试验呈阳性。

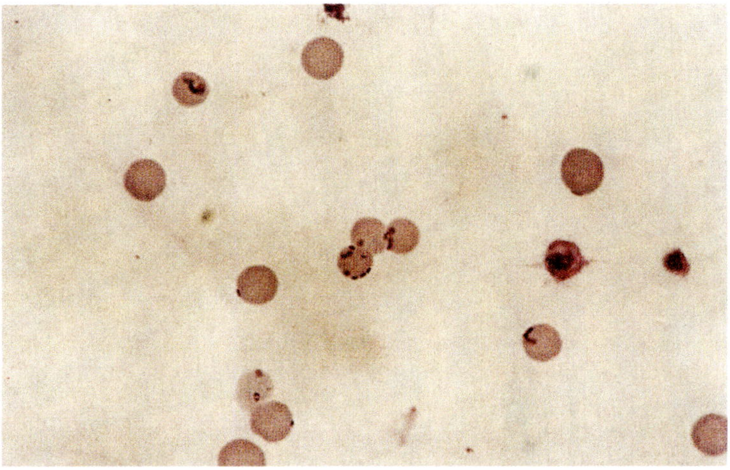

图 4-31

猫血涂片。猫血巴尔通体。由于严重贫血，血涂片上的红细胞密度降低。在该视野中观察到的血巴尔通体，呈嗜碱性环状物位于红细胞表面。这些寄生虫导致红细胞被巨噬细胞吞噬，最终引起溶血性贫血（100×）。

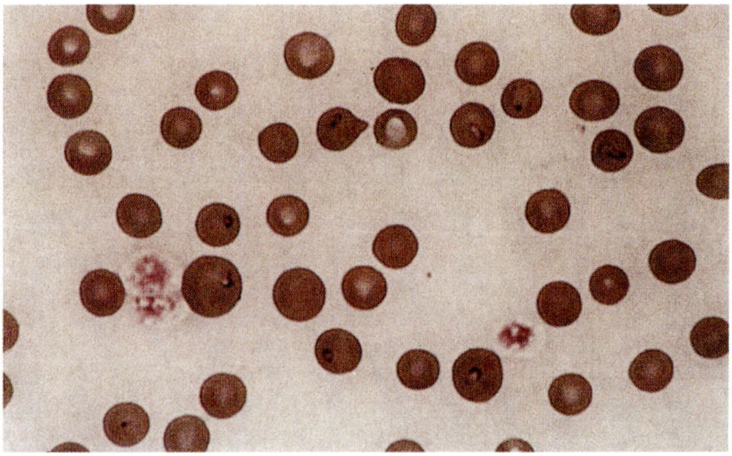

图 4-32

猫血涂片。猫焦虫。这是寄生于家猫和野猫体内的一种细胞内原虫。该寄生虫可导致家猫的非再生性贫血，红细胞内出现圆形、椭圆形或者安全别针形状的嗜碱性寄生虫（100×）。

溶血性疾病:犬血巴尔通体病

比猫血巴尔通体病少见。

由犬血巴尔通体(*Haemobartonella canis*)引起的。犬血巴尔通体在细胞表面呈多链状。单个犬血巴尔通体比单个猫血巴尔通体更大、更容易辨认(图 4-33)。

犬血巴尔通体病,一般表现为再生性溶血性贫血。但是,通常继发于脾切除术和一些免疫抑制治疗,如化疗。

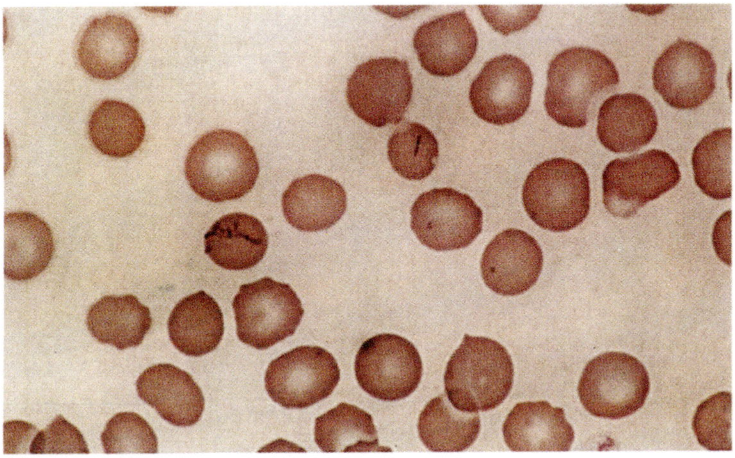

图 4-33

犬血涂片。犬血巴尔通体。在两个红细胞的表面,可见嗜碱性小球菌长链。其中一个红细胞形成了一双链,或称为"弓弦"。脾切除术后或者免疫抑制治疗时,犬血巴尔通体可引起犬发生轻度溶血性贫血(100×)。

溶血性疾病:犬巴贝西虫病

- ▶ 这是一种由蜱传播的犬血液原虫病。
- ▶ 病原为犬巴贝西虫(*Babesia canis*)(图 4-34)或吉氏巴贝西虫(*Babesia gibsoni*)(图 4-35)。
- ▶ 巴贝西虫病可引起真正的血管内溶血性贫血,通常以血红蛋白血症和血红蛋白尿为特征。
- ▶ 巴贝西虫病也可能含有一种免疫介导成分,库姆斯试验呈阳性。
- ▶ 在外周血液血涂片中,巴贝西虫以泪滴状存在于红细胞内,长约 1.5 μm(吉氏巴贝西虫)至 3 μm(犬巴贝西虫)。被寄生的红细胞内巴贝西虫可达 4 条之多。

► 与血巴尔通体病一样，巴贝西虫出现在外周血液中也是周期性的。

溶血性疾病：丙酮酸激酶缺乏症（PK）

► 丙酮酸激酶是糖酵解途径中的一种酶，是产生能量（ATP）不可或缺的物质。

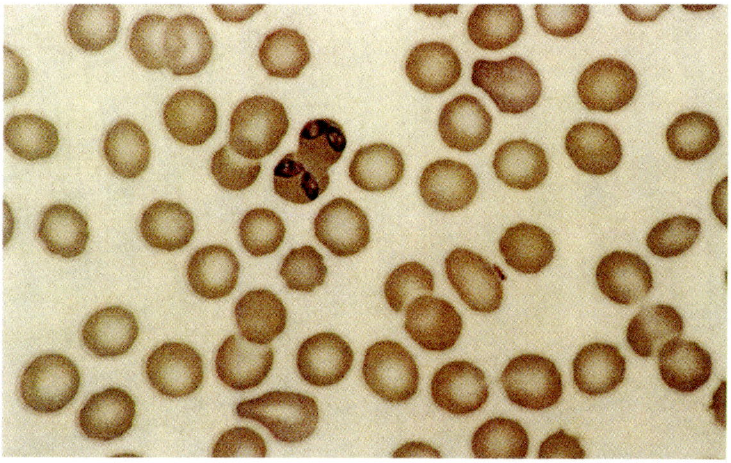

图 4-34

犬血涂片。犬巴贝西虫。细胞内的成对梨形原虫就是犬巴贝西虫。该寄生虫可导致红细胞在血管内和血管外破坏，从而引起溶血（100×）。

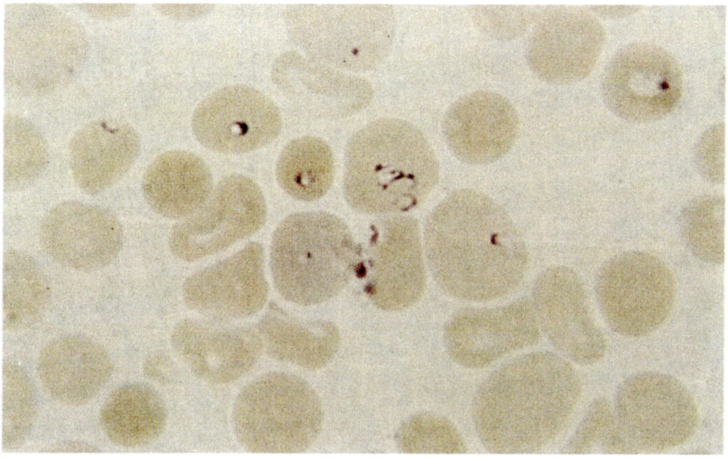

图 4-35

犬血涂片。吉氏巴贝西虫。一些红细胞内含有大小不等的圆形、椭圆形或者拉长的原虫。在一些原虫内，还可看到偏心的核结构。该寄生虫在亚洲部分地区呈地方性流行，现在也出现于北美（120×）。

- ATP 是维持红细胞膜稳定性不可或缺的物质，ATP 减少会导致红细胞寿命缩短。
- PK 缺乏症是比格犬（Beagles）和贝生吉犬（Basenjis）的一种遗传性溶血性疾病。它们出生时就患有该病，通常到 3 岁时出现临床症状。
- 该病的早期，丙酮酸激酶缺乏症诱发的溶血表现为代偿性溶血。血涂片表现为明显的再生性，但患病动物可能不贫血。
- 随着患病动物年龄的增长，贫血逐渐发展。在该病的晚期，骨髓耗竭并出现瘢痕（骨髓纤维化）。这时的贫血是非再生性的，已经到了末期。此时，该病没有任何治疗方法。
- PK 缺乏性溶血也被称为非球形红细胞性溶血（图 4-36）。
  - 某些病例中，可以观察到棘球红细胞分散于血涂片上，但不是很常见。
  - 棘球红细胞小于正常红细胞，无中央灰白区域，表面被短钉状的突起覆盖。
- 可通过测定红细胞 PK 水平来确诊该病。

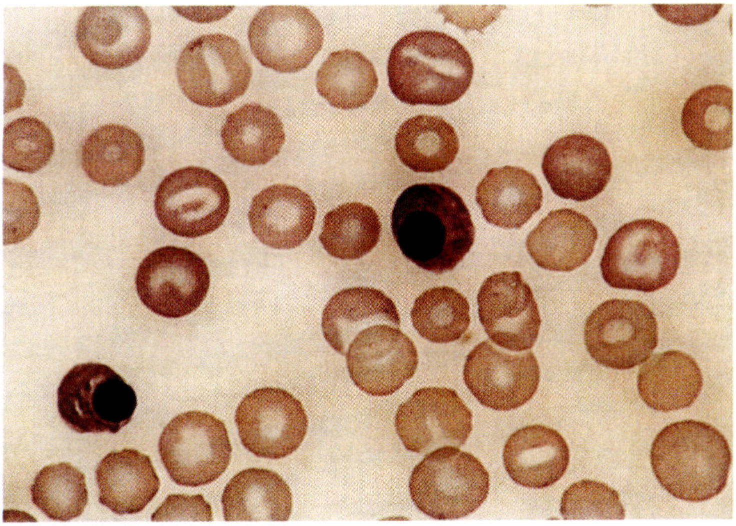

图 4-36

犬血涂片。PK 缺乏症。丙酮酸激酶缺乏症可导致慢性溶血性贫血。由于红细胞代谢缺陷，导致红细胞寿命缩短。机体表现剧烈的再生性应答，以明显的多染性红细胞症、红细胞大小不等症、大红细胞症、有核红细胞为特征（100×）。

溶血性疾病:磷酸果糖激酶(PFK)缺乏症

- ▶ PFK 也是 ATP 生成不可或缺的糖酵解酶。
- ▶ 红细胞内 ATP 的降低,会导致红细胞寿命缩短(溶血)。
- ▶ PFK 缺乏症是一种罕见的遗传性溶血性疾病,只见于史宾格猎鹬犬(Springer Spaniels)。
- ▶ PFK 缺乏症时,红细胞不发生特殊的形态学变化。
- ▶ 通过分析红细胞内 PFK 的含量,可以确诊该病。

溶血性疾病:机械性溶血

- ▶ 机械性溶血的两个机理:
  - 正常红细胞被迫通过异常弯曲的毛细血管床。这将导致红细胞在血管内破裂和红细胞寿命的缩短。这种情况称作微血管性溶血。常见病因有:
    - 肾小球性肾炎
    - 弥散性血管内凝血(DIC)
    - 血管肉瘤
  - 正常红细胞与大血管内的湍急血流接触。例如:
    - 心丝虫病
    - 心脏疾病中,红细胞发生创伤性破裂
- ▶ 机械性溶血的红细胞形态学特征为出现裂红细胞。裂红细胞是小而不规则的红细胞碎片。

非再生性贫血

非再生性贫血是由于红细胞无效性生成(红细胞成熟缺陷性贫血)或者红细胞生成减少(再生障碍性贫血)而引起的。

红细胞成熟缺陷性贫血可根据外周血液的变化推测。

由于再生障碍性贫血的显著特征很少,因此,需要通过骨髓检查来确诊。

成熟缺陷性贫血

这类贫血的外周血液呈非再生性(多染性红细胞/网织红细胞数量不增加),但是骨髓内出现红细胞系增生。

由于骨髓内红细胞的生成增加不能反映在外周血液中，因此，红细胞的生成是无效的。

红细胞成熟缺陷性贫血，可分为核成熟缺陷性贫血和细胞质成熟缺陷性贫血。

红细胞成熟缺陷性贫血：核缺陷（巨幼红细胞性贫血）

- 这类贫血的主要问题是获得性骨髓缺陷，所有细胞系的核前体都不能发育成熟，但正常分裂，且细胞质的发育成熟不受影响（图 4-37 和图 4-38）。
- 细胞核/细胞质成熟不同步，就会导致巨幼红细胞的形成。
- 巨幼红细胞具有以下特征：
  - 细胞巨大。
  - 核未成熟、苍白（暗淡），染色质不规则聚集。
  - 相对于细胞核成熟程度，细胞质含有过量血红蛋白。

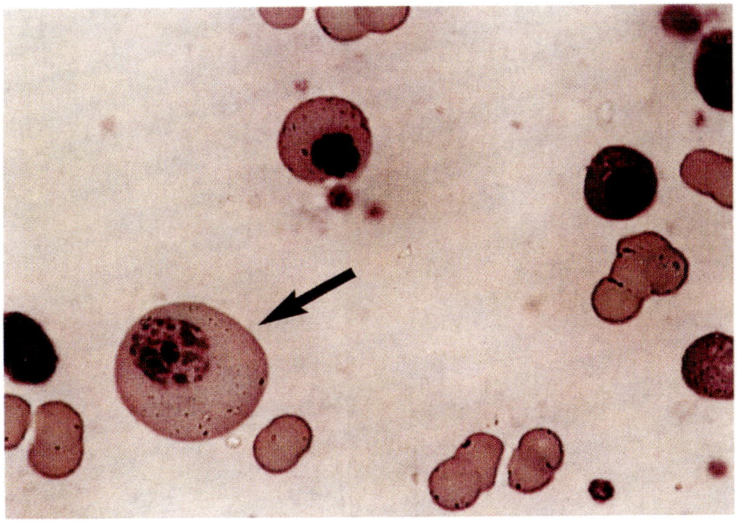

图 4-37

猫血涂片。核成熟缺陷。视野中存在三个有核红细胞。其中两个有核红细胞的胞浆呈多染。有一个有核红细胞（箭头所指）的核非常大，且染色质呈网状结构。这种细胞核应见于血红蛋白较少的、深蓝色的细胞质内。细胞核与细胞质成熟不同步表明存在严重的发育缺陷。该猫患有严重的贫血，MCV 非常高，但网织红细胞未见升高（100×）。

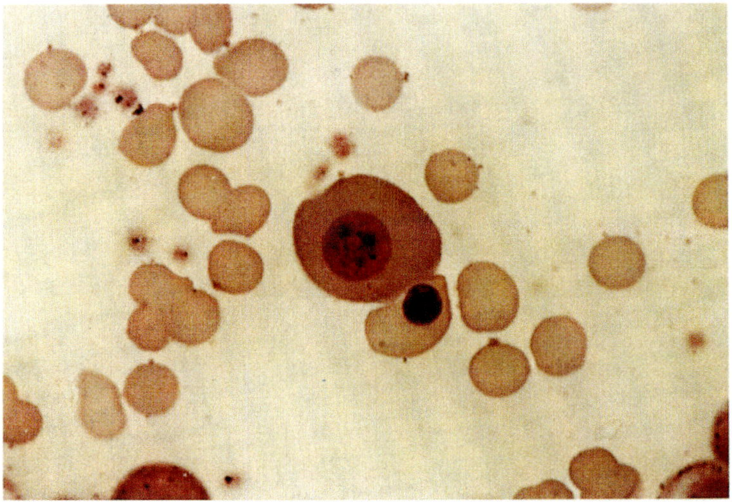

图 4-38

猫血涂片。核成熟缺陷。视野中央有两个有核红细胞。较小的有核红细胞看似正常红细胞。较大的有核红细胞存在严重的细胞核/细胞质成熟缺陷。根据细胞质的发育程度判断,该细胞核发育极度不成熟。这种形态的细胞有时被称为巨幼红细胞。猫白血病病毒是引起这类异常的主要原因(100×)。

- ▶ 骨髓内出现巨幼红细胞即可确诊该病。
- ▶ 细胞核缺陷是由 DNA 合成异常/减少引起的。
- ▶ 骨髓内细胞增殖过度;所有细胞系都受到影响且出现核左移。
- ▶ 虽然确诊该病必须通过骨髓内的细胞形态学,但外周血液发生的一些变化也具有提示性:
  - 常见轻度泛细胞减少症。
  - 通常贫血表现为正细胞正色素性贫血到大细胞正色素性贫血。
  - 偶尔在血涂片上可见巨幼红细胞。
  - 偶尔出现充满血红蛋白的巨大红细胞。
  - 偶尔还可见含有奇怪碎片和/或多个核碎片的红细胞。
- ▶ 猫的核成熟缺陷性贫血要远远比犬常见。
- ▶ 核成熟缺陷性贫血在感染猫白血病病毒的猫中也很常见。

- ▶ 叶酸缺乏也是病因之一。
- ▶ 化疗会干扰 DNA 合成以及核发育(甲氨蝶呤),最终导致巨幼红细胞。
- ▶ 玩具贵妇犬(Toy Poodles)的外周血液中有时会出现巨幼红细胞。该品种出现这类红细胞属正常现象。

红细胞成熟缺陷性贫血:细胞质缺陷

- ▶ 这类贫血的主要问题是血红蛋白合成异常;红细胞前体的核成熟正常。
- ▶ 这类贫血导致的结果是,骨髓内出现以小晚幼红细胞增生为主的细胞增生(图 4-39)。
  - 红细胞前体连续分裂,变得越来越小,因为这些细胞永远都不能获得充足的血红蛋白。
  - 正常网织红细胞可以生成,但释放速度减慢。
- ▶ 病因包括:
  - 铁缺乏
  - 铅中毒
  - 维生素 B_6 缺乏
- ▶ 铁缺乏和铅中毒是到目前为止最重要的病因,下面是更详细的描述。
- ▶ 铁缺乏:
  - 失血性贫血的末期。
  - 血涂片出现中央灰白区域较大的小红细胞(小细胞性、低色素性)。
  - 由于红细胞脆性增加,导致出现显著的异形红细胞症和红细胞碎片。
  - 还可见一定程度的多染性红细胞症,但不足以使红细胞总数恢复至正常。
- ▶ 铅中毒:
  - 真性细胞质成熟缺陷性贫血,铅会干扰血红蛋白的合成。
  - 铅还会损伤骨髓基质,从而导致有核细胞释放到血液循环中。
  - 外周血液则出现正细胞正色素性伴有大量有核红细胞的非再生性贫血。

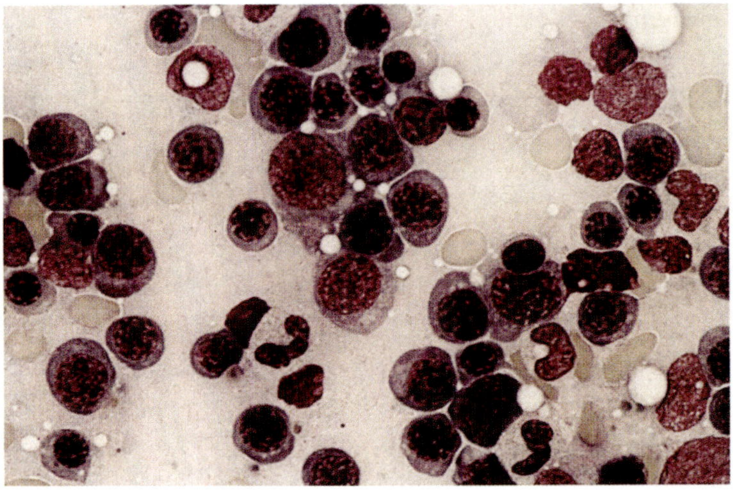

图 4-39

犬骨髓。慢性出血。晚期红细胞系细胞显著增加。红细胞发育到达中幼红细胞和晚幼红细胞阶段。由于慢性失血导致骨髓铁存贮降低。这些变化与缺铁性贫血的早期阶段一致(40×)。

· 出现大量有核红细胞，而没有更大量的多染性红细胞出现的现象称为有核红细胞反应异常。

- 有核红细胞异常反应超过 10 NRBC/100 WBC 时，临床兽医应该进一步调查犬发生铅中毒和猫白血病病毒感染的可能性！

再生障碍性贫血(红细胞系骨髓再生不良)

这类贫血又可分为三类：

▶ 粒细胞增生性再生障碍性贫血

▶ 选择性红细胞系再生不良性再生障碍性贫血

▶ 泛发性骨髓再生不良性再生障碍性贫血

粒细胞增生性再生障碍性贫血

▶ 这是发生炎性疾病时出现的贫血(图 4-40)。

▶ 炎性疾病引起的贫血是家畜最常见的贫血类型，与急性或慢性炎症同时发生。

▶ 特点如下：

- 正细胞正色素性贫血。
- 贫血程度：轻微到中度(红细胞压积范围 20%～35%)。
- 出现炎性白细胞象。
- 骨髓涂片的特征为：红细胞系再生不良，粒细胞过度增生，骨髓巨噬细胞内的铁增加，浆细胞的数量也增加(通常情况)。

▶ 这类贫血可能与感染、肿瘤以及免疫疾病有关。

选择性红细胞系再生不良性贫血

▶ 外周血液表现：
- 轻微至严重的正细胞正色素性贫血。
- 白细胞计数和血小板计数正常。

▶ 发生选择性红细胞系再生不良性贫血的三个主要机理：
- 促红细胞生成素生成减少(肾脏疾病：图 4-41)。
- 外周组织的氧需求量以及氧利用量降低(甲状腺机能减退时基础代谢率降低)。

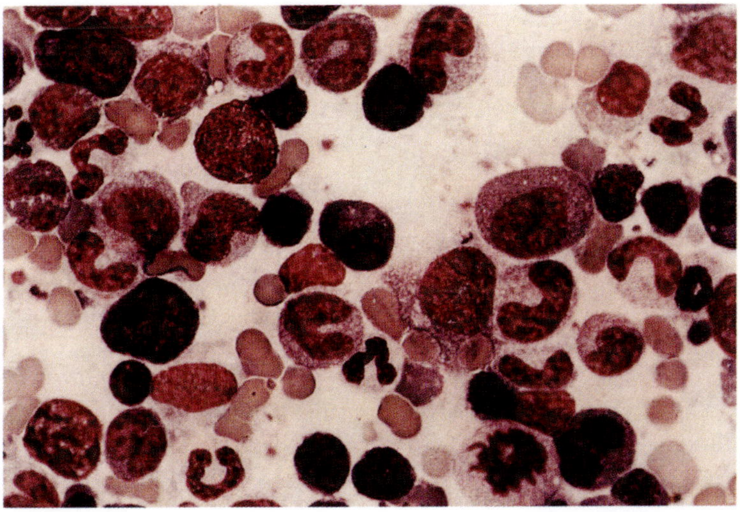

图 4-40

犬骨髓。炎性贫血。该犬的骨髓含有很多细胞(PCV=33，炎性白细胞象)。由于粒细胞增生和红细胞系再生不良，M∶E 比值增加。浆细胞和铁存贮量增加。这些结果与炎性贫血相一致(40×)。

- 由于中毒或免疫介导，红细胞前体发生选择性破坏。在病史询问中，列举出可能接触过的药物或者化学物品是非常重要的。

▶ 确诊须通过骨髓检验。特征包括：

- 粒细胞和血小板生成正常。
- 红细胞前体少见。
- 骨髓内的铁含量增加。
- 骨髓巨噬细胞可能会吞噬红细胞。

泛发性骨髓再生不良性贫血(也称作再生障碍性贫血)

▶ 外周血液学特征包括：

- 严重贫血。
- 严重的白细胞减少症。
- 血小板计数不定，常出现严重的血小板减少症。

▶ 发病机理主要分为两大类：

- 所有细胞系前体因中毒或者免疫介导作用破坏(图 4-42)。
- 骨髓痨性贫血(异常细胞成分占据骨髓空间)。

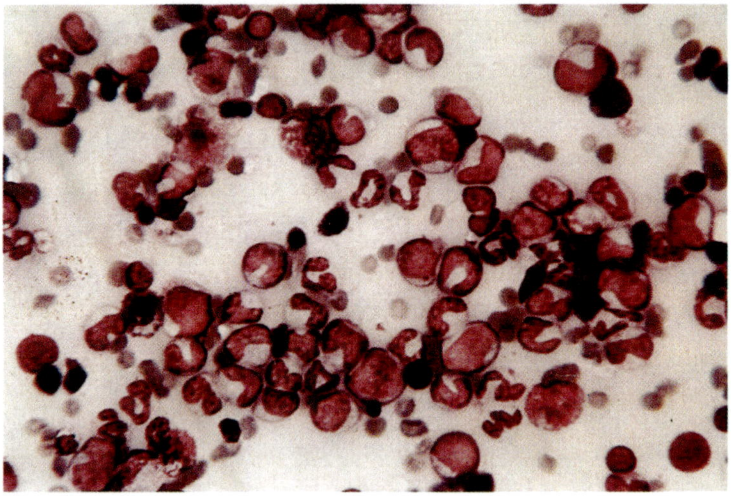

图 4-41

猫骨髓。肾病性贫血。在慢性肾脏疾病中，由于促红细胞生成素生成减少，导致红细胞生成选择性抑制。由于红细胞系再生不良，M：E 比值增加。视野中几乎所有细胞都正在朝粒细胞发育(25×)。

- 传染病、有毒化学物质、电离辐射或者骨髓干细胞免疫破坏，都能导致泛发性骨髓细胞毒性。
  - 传染病包括猫白血病和埃利希体病。
  - 有毒化学物质包括雌激素以及化疗药剂，如阿霉素。
  - 临床症状取决于诊断时各类细胞缺陷的程度。
    - 如果主要为贫血，就可能出现黏膜苍白、嗜睡和食欲减退等症状。
    - 严重的血小板减少症，将会出现出血现象。
    - 如果出现严重的白细胞减少症，动物可能表现为严重感染。
  - 通过抽吸骨髓和组织芯活检来确诊该病。检验结果因疾病发展阶段的不同而不同。
- 骨髓痨性贫血
  - 可由肿瘤性和非肿瘤性疾病引起。
  - 造血系统肿瘤和淋巴肿瘤是最常见的肿瘤性病因，包括粒细胞性白血病，淋巴白血病和淋巴肉瘤，以及红血病性骨髓瘤（图 4-43）。

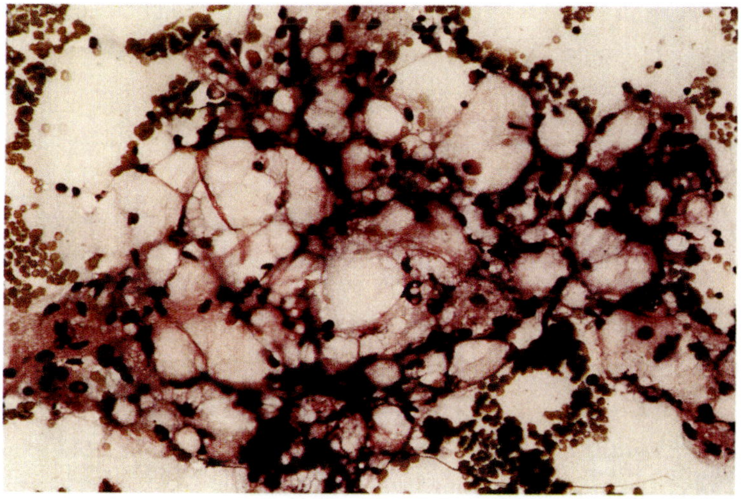

图 4-42

猫骨髓。严重的骨髓再生不良。该猫出现了严重的泛细胞减少症。骨髓内细胞显著减少，且含有脂肪组织和一些结缔组织。正常骨髓细胞少见。该猫使用灰黄霉素来治疗皮肤真菌病。这种药物可导致猫发生严重的骨髓再生不良（25×）。

- 骨髓纤维化是主要的非肿瘤性病因，即骨髓空间被结缔组织替代（图4-44）。
  - 骨髓纤维化可能是骨髓严重损伤的最终结果（如雌激素中毒和电离辐射病），也可能是自行发生的。
- 骨髓纤维化的外周血液特征，通常包括严重的非再生性贫血、严重的白细胞减少症以及不同程度的血小板反应。
  - 大多数骨髓纤维化病例形态学的显著特征为血涂片上出现泪细胞或泪滴状红细胞。
- 通过骨髓组织芯活检和组织病理学证明骨髓腔内充满结缔组织来确诊该病。

红细胞增多症（表 4-1）

循环红细胞量增加称为红细胞增多症。

由于循环红细胞量的相对升高或绝对升高，PCV 值、血红蛋白浓度以及红细胞计数都高于参考值。

PCV 值、血红蛋白浓度以及红细胞计数，可因地理位置以及品种的不同而不同。

- ▶ 生活于海拔 6 000 ft 以上的动物，这些值都高于生活于海平面的动物。
- ▶ 短头品种犬的 PCV 值要高于正常头形品种犬。

红细胞增多症动物临床症状的严重程度与红细胞增多的程度成正比。

- ▶ PCV 值>65%时，血液黏度增高、灌注不良以及组织氧利用降低。

红细胞增多症可以分为相对增多、暂时增多或绝对增多。

相对红细胞增多症

当血浆容量减少时就会发生相对红细胞增多症，通常由脱水导致循环红细胞量相对增多。

- ▶ 临床症状——脱水或者血浆内的水分渗入间质组织或胃肠腔内。
- ▶ 病因——呕吐、腹泻、水摄入减少、利尿、换气过度和肾脏疾病。

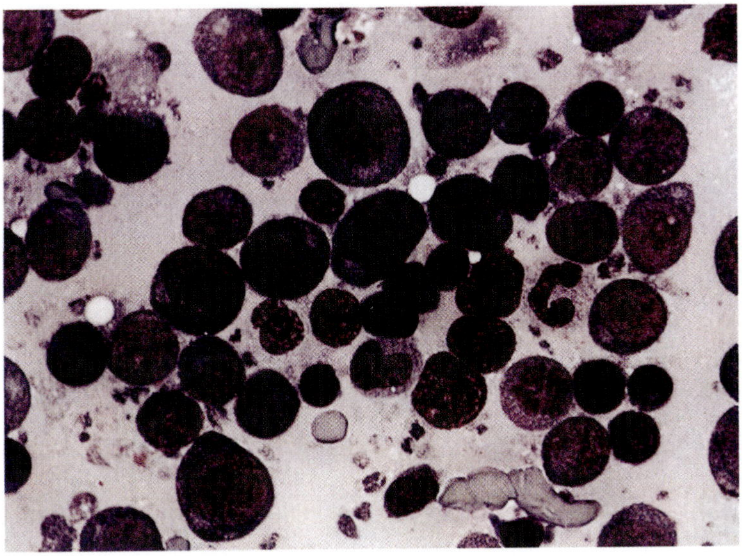

图 4-43

犬骨髓。骨髓痨。正常骨髓细胞被深色圆形胚细胞替代。整个视野中可看到两个嗜中性粒细胞。经进一步的细胞检验,确诊为淋巴瘤(40×)。

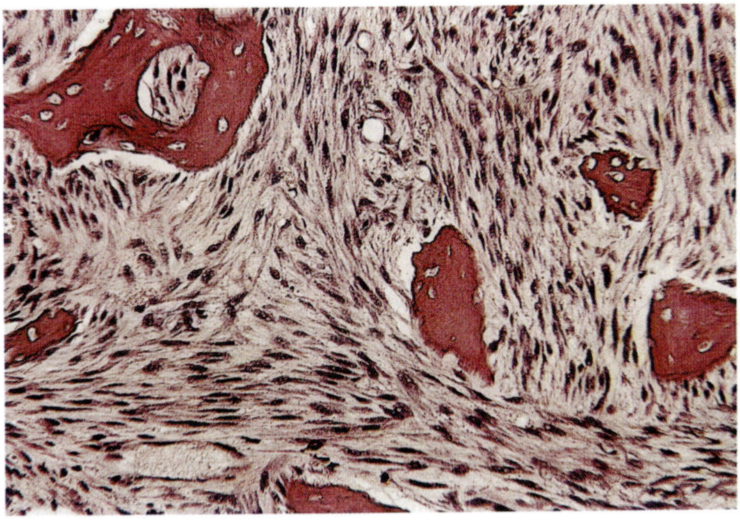

图 4-44

骨髓组织芯活检。骨髓纤维变性。骨髓腔内含有一层纤维结缔组织,而不是发育中的粒细胞和红细胞前体。该犬患有泛细胞减少症,且反复骨髓穿刺失败(40×)。

表 4-1　红细胞增多症的实验室检查特征

相对增多		绝对增多		
		原发	**继发**	**继发**
机制	脱水	骨髓增生	低氧血症	EPO 过量
PCV	升高	显著升高，>60%	显著升高，>60%	显著升高，>60%
血浆蛋白浓度	升高	正常	正常	正常
动脉氧饱和度		正常，>90%	降低，≪90%	正常，>90%
血浆促红细胞生成素		正常	增加	增加
骨髓	正常	红细胞过度增生		
其他	肾前性氮血症	白细胞增加 血小板增加		

- ▶ 实验室检查特点：PCV 和血浆总蛋白浓度中度升高。还存在肾前性氮血症。

暂时性红细胞增多症

暂时性红细胞增多症是由于脾脏收缩，导致高浓度的红细胞进入循环血液引起的。

- ▶ 见于焦躁不安或易兴奋的犬或猫，且通常在 1 h 内恢复正常。
- ▶ 易兴奋的大型品种容易发生脾脏收缩。
- ▶ 实验室检查特点：PCV 升高，无脱水症状，且血浆总蛋白浓度正常。

绝对红细胞增多症

绝对红细胞增多症的特点：由于骨髓内的红细胞生成增加，导致循环血液内的红细胞发生绝对增加。

- ▶ 可以分为原发性和继发于 EPO 生成增加。
- ▶ 患有绝对红细胞增多症动物的血容量增加。
- ▶ 临床症状——全身无力，运动耐受性降低，行为异常，黏膜呈赤红色或发绀，喷嚏，双侧性鼻出血，视网膜和舌下血管变粗、扭曲，或者心肺功能障碍。

原发性绝对红细胞增多症(真性红细胞增多症)是一种罕见的骨髓增生性疾病,特点为产生大量成熟红细胞。

- ▶ 临床症状——除了以上描述的症状外,还存在不同程度的脾脏肿大、肝脏肿大、血栓、出血以及抽搐。
- ▶ 超高黏度可导致血栓、梗死或出血。
- ▶ 实验室检查特点:PCV 显著升高(65%~75%),伴有骨髓内红细胞增生。低氧血症的临床表现不明显。促红细胞生成素水平正常或降低。

继发性绝对红细胞增多症是由于慢性低氧血症导致促红细胞生成素生理性释放而引起的。

- ▶ 临床症状——由慢性肺病,肺动脉主动脉短路,心脏病,或者血红蛋白病导致的低氧血症。
- ▶ 病因——慢性肺病、心脏病、肺动脉主动脉短路、高海拔、短头品种、高铁血红蛋白症以及肾脏供血机能障碍。
- ▶ 实验室检查特点:PCV 中等至显著升高,骨髓内红细胞增生,动脉 PO_2 降低。促红细胞生成素水平升高。

动脉氧饱和度正常的动物,不适当和过度生成 EPO 和类 EPO 物质时,也可继发绝对红细胞增多症。

- ▶ 临床症状——肾脏或肝脏肿瘤的相关症状、占位性肾脏病灶或内分泌紊乱。
- ▶ 病因——肾脏囊肿或肿瘤、肾盂积水、肾上腺皮质机能亢进、甲状腺机能亢进、嗜铬细胞瘤、鼻纤维肉瘤、肝脏肿瘤、高睾酮血症。
- ▶ 实验室检查特点:PCV 中等到显著升高,骨髓内红细胞增生,动脉 PO_2 正常。促红细胞生成素水平升高。

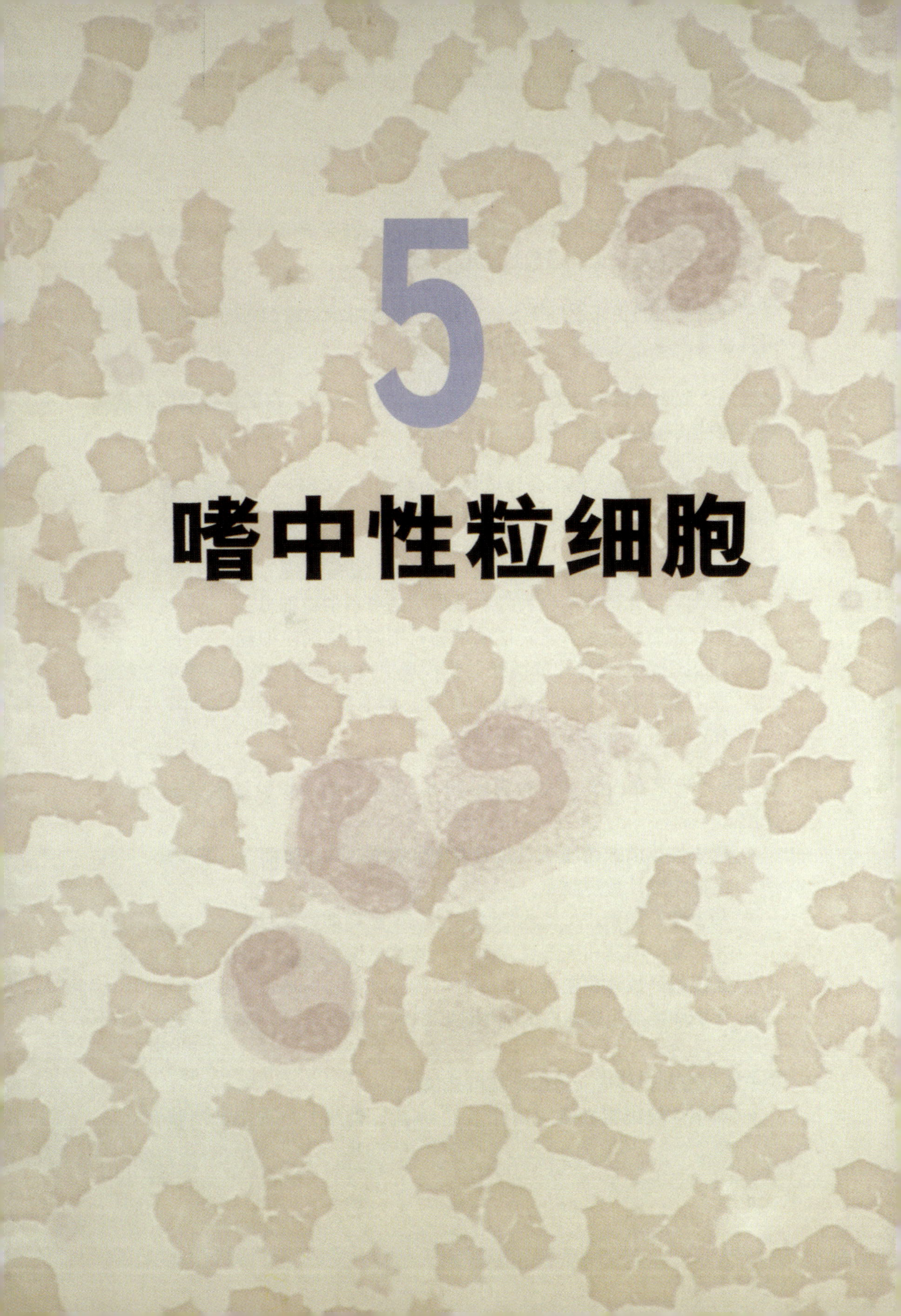

5

嗜中性粒细胞

概述

生成

嗜中性粒细胞在骨髓内生成，释放进入血液，经短暂的循环后，转移至各组织间隙或呼吸道、消化道和泌尿道的上皮表面。

嗜中性粒细胞的生成是持续不断的，以满足各组织对粒细胞的持续需求以及维持血液内循环池嗜中性粒细胞的数量。

骨髓内生成嗜中性粒细胞的时间，需要 4～6 天，存贮在骨髓内的成熟嗜中性粒细胞能持续供应 5 天。

组织损伤或者细菌入侵都会导致集落刺激因子(CSFs)的生成和释放，集落刺激因子可调控骨髓内不成熟嗜中性粒细胞的增殖和成熟。

粒细胞生成是指连续的细胞分裂、分化和成熟(图 5-1)。

- 干细胞分化形成的原粒细胞是最早的可识别粒细胞。
- 原粒细胞分裂和分化，形成早幼粒细胞和中幼粒细胞。
- 之后还会生成晚幼粒细胞、杆状嗜中性粒细胞以及分叶嗜中性粒细胞，它们都是有丝分裂后的细胞，细胞核以及细胞浆已经发生了变化，具有吞噬能力和杀菌能力。

嗜中性粒细胞在血液中大约循环 10 h，可分为嗜中性粒细胞循环池和边缘池。

- 嗜中性粒细胞循环池内的嗜中性粒细胞与其他血细胞一起循环，可在全血细胞计数中测定。
- 嗜中性粒细胞边缘池内的嗜中性粒细胞是那些暂时附着于血管内皮，尤其是小静脉和毛细血管内皮上的嗜中性粒细胞。这些细胞不能被全血细胞计数计算在内。
- 犬循环池与边缘池内的嗜中性粒细胞比例为 1∶1，猫为 1∶3。

嗜中性粒细胞转移进入组织是随机且单向的。

- 嗜中性粒细胞在组织内存活 1～4 天，最终发生程序性细胞死亡或凋亡。

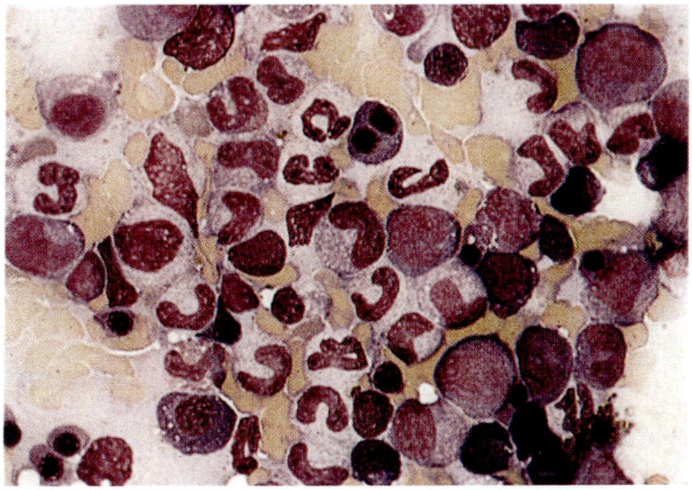

图 5-1

犬骨髓内正常的粒细胞生成。大多数细胞正在发育形成粒细胞。分叶嗜中性粒细胞和杆状嗜中性粒细胞要多于晚幼粒细胞、中幼粒细胞和早幼粒细胞(60×)。

- 嗜中性粒细胞还会被脾脏、肝脏以及骨髓内的巨噬细胞破坏。

影响嗜中性粒细胞循环数量的因素包括以下几方面的相对速度:

- 骨髓生成以及释放嗜中性粒细胞的速度。
- 嗜中性粒细胞循环池与边缘池之间的交换速度。
- 嗜中性粒细胞转移进入组织的速度。

功能

嗜中性粒细胞的主要功能是防御微生物入侵组织。嗜中性粒细胞可杀死细菌,还能破坏或者参与破坏霉菌、藻类以及病毒。

嗜中性粒细胞通过定向转移或者趋化作用,在炎症部位或者细菌感染部位聚集。

- 细胞和分子炎症介质可产生趋化物质,刺激骨髓释放嗜中性粒细胞,并促进嗜中性粒细胞朝炎症部位的血管内皮转移和黏附。
- 嗜中性粒细胞离开血流,通过内皮细胞间转移进入组织。

到达炎症部位的嗜中性粒细胞具有吞噬作用和杀菌活性。溶菌酶颗粒和吞噬小泡融合释放溶菌酶和一些具有杀菌能力的化学物质。

数量

骨髓生成和释放嗜中性粒细胞、嗜中性粒细胞边缘池与循环池之间的交换和/或嗜中性粒细胞转移进入组织的速度变化，会直接影响全血细胞计数中测得的嗜中性粒细胞数量。

使用阻抗细胞计数法进行白细胞计数和嗜中性粒细胞计数时，巨血小板、血小板团块以及海因茨小体均可导致计数结果假性升高。白细胞聚集则会导致白细胞计数假性降低。

嗜中性粒细胞减少症

嗜中性粒细胞绝对数量降低。

当犬猫嗜中性粒细胞绝对数量少于 3 000～4 000/μL 时，就会发生嗜中性粒细胞减少症。

嗜中性粒细胞减少症是引起白细胞减少症最常见的原因。

嗜中性粒细胞减少症的发病机理包括(图 5-4)：

- ▶ 组织的急性需求或剧烈消耗。
- ▶ 骨髓生成减少。
- ▶ 粒细胞无效生成(粒细胞生成异常)。
- ▶ 嗜中性粒细胞从循环池向边缘池的转移增加。

组织的急性需求引发的嗜中性粒细胞减少症

- ▶ 嗜中性粒细胞可快速聚集在发生急性炎症或腐败的血管丰富的组织中(图 5-2)。
- ▶ 当嗜中性粒细胞转移至组织的速度超过骨髓嗜中性粒细胞贮存池容量时，就会导致嗜中性粒细胞减少症的发生。
  - 急性炎症或严重炎症时，机体来不及生成粒细胞以补充成熟嗜中性粒细胞的供给。
  - 骨髓释放杆状嗜中性粒细胞和一些晚幼粒细胞，从而导致严重的核左移。

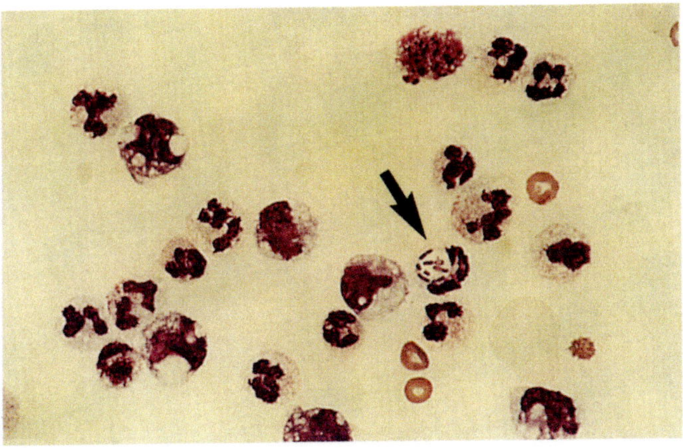

图 5-2

患细菌性腹膜炎犬的嗜中性粒细胞性渗出液。大部分细胞是变性的嗜中性粒细胞。杆状细菌(箭头所指)已被一嗜中性粒细胞吞噬(60×)。

- ▶ 血液中的嗜中性粒细胞以及骨髓内的嗜中性粒细胞前体通常出现显著的中毒性变化。
- ▶ 在腹膜炎、胃肠道脏器破裂、急性子宫炎、坏疽性乳房炎以及急性蜂窝织炎等疾病中,可看到伴随严重核左移和中毒性嗜中性粒细胞的嗜中性粒细胞减少症。
- ▶ 由于只有炎症达到了一定的严重程度,嗜中性粒细胞才会出现这类反应,因此,预后不良或者预后慎重。(见病例 11 和病例 13)

骨髓生成减少引起的嗜中性粒细胞减少症

- ▶ 骨髓发生严重的中毒性损伤时,会导致嗜中性粒细胞生成减少。
- ▶ 这些动物的骨髓通常会出现细胞减少,同时伴随粒细胞前体、红细胞前体以及巨核细胞前体的显著减少(图 5-3)。有时,由于被大量的肿瘤细胞替代,骨髓内细胞增加(骨髓痨)。
- ▶ 可能的病因包括:药物副作用,接触了有毒的化学物质和植物,传染原,骨髓痨,以及免疫介导性骨髓破坏。
- ▶ 目前认为可以导致该病的药物包括:雌激素、保泰松、甲氧苄氨嘧啶-磺胺嘧啶、氯霉素、灰黄霉素以及一些化疗药物。
- ▶ 传染原包括:细小病毒、泛白细胞减少症病毒、猫白血病病毒、埃利希体(*Ehrlichia*)。
- ▶ 红细胞以及血小板的生成也会受到影响,最终导致并发非再生性贫血以及血小板减少症。(见病例 10)

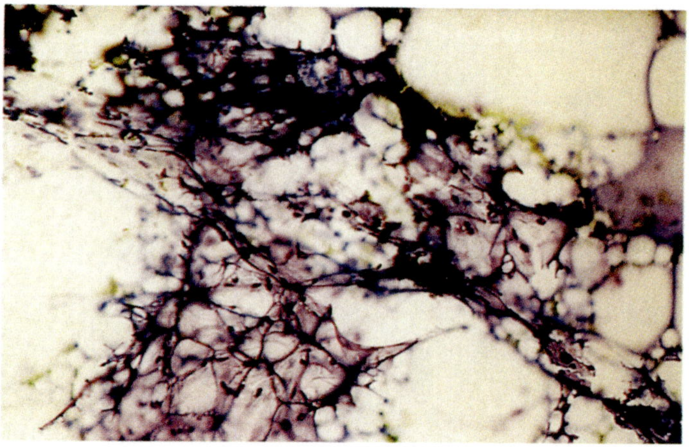

图 5-3

犬骨髓严重再生不良，最终导致嗜中性粒细胞减少症、贫血以及血小板减少症。造血细胞显著减少，且被脂肪组织替代(40×)。

由于粒细胞生成无效(粒细胞生成障碍)导致的嗜中性粒细胞减少症

- 尽管骨髓内有足量的粒细胞前体细胞，但是由于发育被抑制或者骨髓释放减少，导致嗜中性粒细胞减少症。
- 这些动物骨髓内粒细胞前体细胞的数量正常，甚至有所增加。
- 具有这类嗜中性粒细胞反应的疾病包括：骨髓再生不良、急性粒细胞性白血病以及由猫的白血病病毒或者免疫缺陷病毒引起的传染病。

由于转入边缘池而导致的嗜中性粒细胞减少症

- 嗜中性粒细胞从循环池突然转移至边缘池时，可引起暂时性的急性嗜中性粒细胞减少症。
- 病因包括：
  - 过敏反应
  - 内毒素血症
- 嗜中性粒细胞减少症是一早期、暂时性的反应，可能在动物接受药物治疗前消失(图 5-4)。

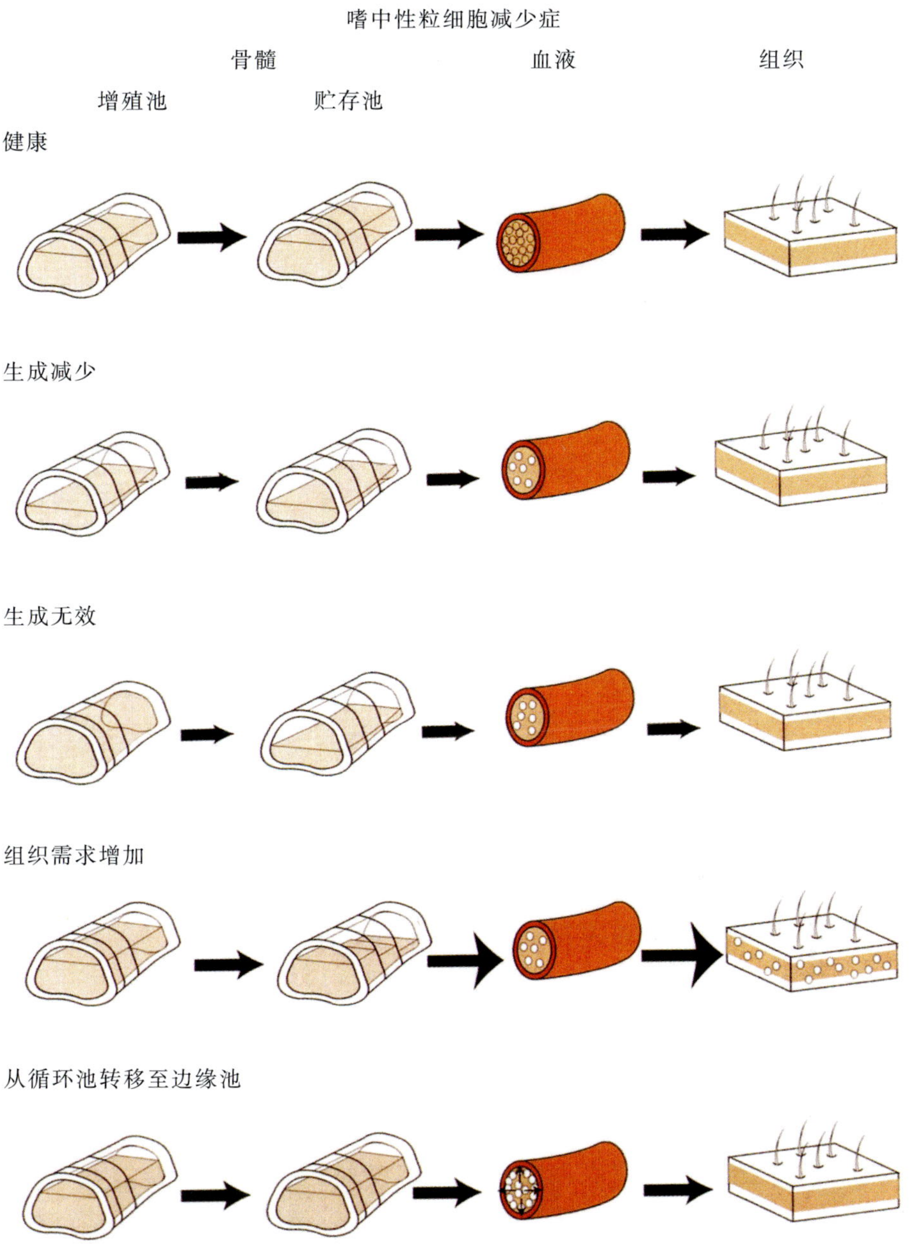

图 5-4

嗜中性粒细胞减少症的发病机理。本图说明了嗜中性粒细胞在骨髓和血液中生成、分布、释放以及循环的变化。箭头的相对大小表示血液和骨髓释放嗜中性粒细胞的速度变化以及嗜中性粒细胞转移至组织的速度变化。根据 Schalm's Veterinary Hematology 修改。

嗜中性粒细胞增多症

嗜中性粒细胞增多症，可以定义为循环嗜中性粒细胞的绝对数量增加。成年犬猫的嗜中性粒细胞计数超过 12 000～13 000/μL。嗜中性粒细胞增多症是引起白细胞增多症最常见的原因。

嗜中性粒细胞增多症的病因包括(图 5-5)：

- 生理性或者肾上腺素诱发
- 皮质类固醇或者应激诱发
- 急性炎症
- 伴有嗜中性粒细胞显著增多的慢性炎症
- 新稳定状态下的慢性炎症
- 出血或者溶血
- 粒细胞性白血病
- 遗传性粒细胞缺陷

生理性嗜中性粒细胞增多症

- 肾上腺素释放导致暂时性的(1 h)成熟嗜中性粒细胞从边缘池转移至循环池。
- 引起肾上腺素释放的原因有恐惧、兴奋、剧烈运动以及抽搐。
- 猫可同时发生显著的淋巴细胞增多症(6 000～20 000/μL)，或者淋巴细胞增多症成为主要变化。(见病例 1)

皮质类固醇或者应激诱发的嗜中性粒细胞增多症

- 循环中糖皮质激素水平升高，可导致释放入循环中的成熟嗜中性粒细胞增加，而转移至组织的嗜中性粒细胞减少。
- 这类反应通常发生于内源性糖皮质激素分泌增加或者使用外源性皮质类固醇之后。引起内源性皮质类固醇分泌增加的原因有疼痛、创伤、寄养、运输或者其他疼痛性疾病。
- 使用外源性皮质类固醇之后 4～8 h 内会出现白细胞增多(17 000～35 000/μL)和嗜中性粒细胞增多，通常在治疗后 1～3 天恢复正常。(见病例 2)

急性炎症引起的嗜中性粒细胞增多症

- 炎症、败血症、坏死或者免疫介导性疾病，导致组织对嗜中性粒细胞的需求增加以及骨髓释放分叶嗜中性粒细胞和杆状嗜中性粒细胞增加。
- 白细胞增多症(15 000～30 000/μL)的特征是嗜中性粒细胞增多伴有核左移，单核细胞增多程度不定是常见的反应。还可能观察到中毒性嗜中性粒细胞。
- 淋巴细胞减少症和嗜酸性粒细胞减少症，应激反应以及循环糖皮质激素水平升高也是常见的。
- 手术摘除或者引流败血病灶，会暂时加重嗜中性粒细胞增多症。(见病例 11)

慢性炎症引起的嗜中性粒细胞增多症

- 一些慢性化脓性疾病(如子宫蓄脓、脓肿、脓胸、脓皮病)以及一些肿瘤，都会导致骨髓粒细胞生成增加，从而导致严重的白细胞增多症(50 000～120 000/μL)。
- 实验室特征包括：嗜中性粒细胞增多伴有核左移，数量不等的中毒性嗜中性粒细胞，单核细胞增多以及常见的高球蛋白血症。
- 通常会出现炎性贫血(轻度到中度的非再生性贫血)。
- 通常“白血病样反应”用于描述白细胞计数＞100 000/μL 的炎症性嗜中性粒细胞增多症。(见病例 9)

新稳定状态下的慢性炎症

- 当骨髓生成与粒细胞的释放以及组织需求达到一个新的稳定状态时，就会出现第二种形式的慢性炎症。
- 白细胞总数正常或者稍有升高。
- 嗜中性粒细胞计数处于参考值上限或者稍有升高，很少或没有核左移现象。
- 淋巴细胞处于参考值范围之内。
- 最常见的异常白细胞象是单核细胞增多。
- 常见炎性贫血和高球蛋白血症。(见病例 6)

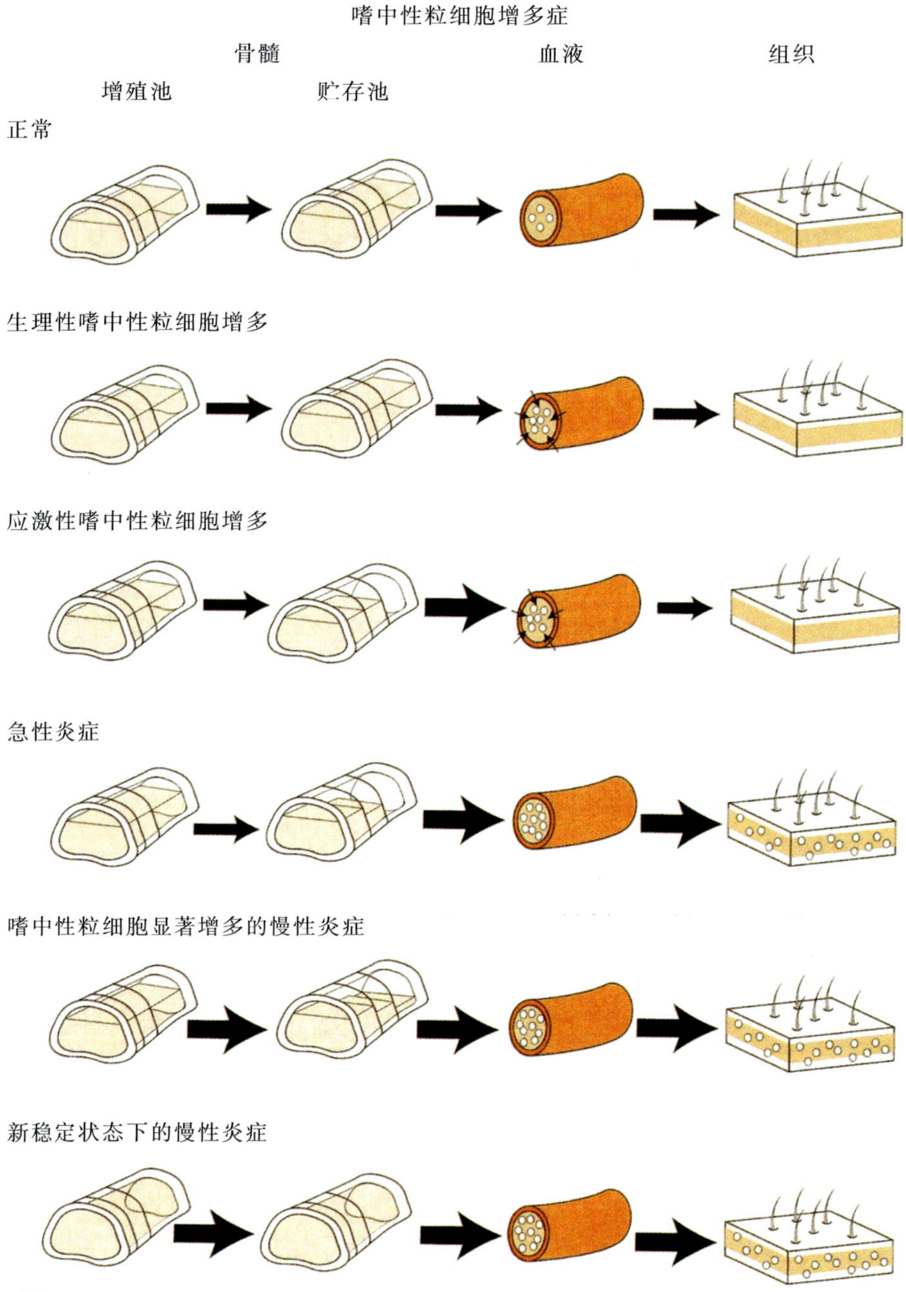

图 5-5

嗜中性粒细胞增多症的发病机理。本图说明了嗜中性粒细胞在骨髓和血液中生成、分布、释放以及循环变化。箭头的相对大小表示血液和骨髓释放嗜中性粒细胞的速度变化以及嗜中性粒细胞转移至组织的速度变化。

溶血性贫血或者出血性贫血

- 发生免疫介导性溶血性贫血的动物，通常会出现伴有核左移的嗜中性粒细胞增多。白细胞也显著增多（>50 000/μL）。
- 急性出血 3 h 后，出现成熟嗜中性粒细胞增多症。（见病例 8）

慢性粒细胞性白血病

- 通常伴有显著的嗜中性粒细胞性白细胞增多症（>80 000/μL）。
- 出现核左移，可能是由粒细胞成熟缺陷引起的。可观察到幼稚粒细胞前体（早幼粒细胞和原粒细胞）。
- 可观察到不同程度的血小板减少和/或非再生性贫血。
- 由于肿瘤浸润而可能出现肝肿大和/或脾肿大。
- 该病必须与慢性炎症引起的嗜中性粒细胞增多症区分。（见病例 18）

遗传性嗜中性粒细胞疾病

- 只有排除其他病因后，才可考虑的原因。
- 已证实爱尔兰雪达犬（Irish Setters）易患 B_2 整联蛋白缺乏，B_2 整联蛋白缺乏可减少嗜中性粒细胞黏附于内皮、降低趋化性以及降低杀菌活性。B_2 整联蛋白缺乏的犬会出现持续嗜中性粒细胞增多症和多发性感染。
- 周期性造血或者灰柯利综合征（grey colic syndrome）的特征是嗜中性粒细胞、单核细胞、嗜酸性粒细胞、血小板以及网织红细胞出现周期性的变化，周期为 11～13 天。嗜中性粒细胞的变化最为显著，在 2～4 天的嗜中性粒细胞减少期后会出现嗜中性粒细胞增多症。

形态

正常形态

正常的循环嗜中性粒细胞具有以下特征（图 5-6 和图 5-7）：

- 大小——直径 12～15 μm，或者是红细胞直径的 2～2.5 倍。
- 细胞核——分叶或者部分分叶，染色质浓密、深紫。

► 细胞质——淡粉色或者浅蓝色，含小颗粒，均匀。

正常动物的大部分循环嗜中性粒细胞（95%～100%）都是分叶嗜中性粒细胞。杆状嗜中性粒细胞很少见。

正常形态的各种变化（图 5-8 和图 5-9）

► 制备血涂片前，与 EDTA 长时间接触会使细胞质内产生散在的、清晰的细胞质空泡。
► 正常嗜中性粒细胞具有 2～4 个核叶。
► 出现 5 个或者更多的分叶时，意味着分叶过度，这是一种老化的表现，发生于与 EDTA 长时间接触、糖皮质激素治疗、肾上腺皮质机能亢进或者慢性感染引发的嗜中性粒细胞增多症。

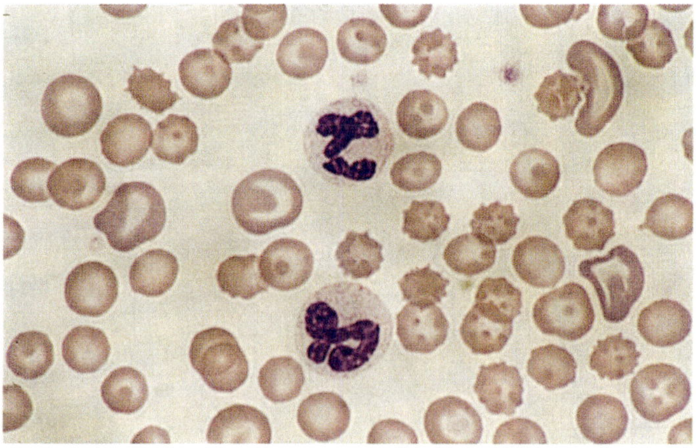

图 5-6
犬正常的嗜中性粒细胞。两个嗜中性粒细胞的细胞质呈淡粉色，含有小颗粒，中间是一个分叶核（100×）。

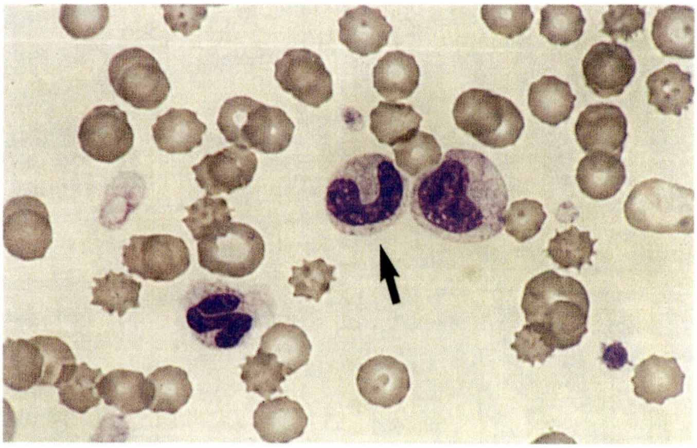

图 5-7
未成熟的嗜中性粒细胞。视野中央是一个杆状嗜中性粒细胞（箭头所指）和晚幼粒细胞。视野左下角有一个正常的分叶嗜中性粒细胞（100×）。

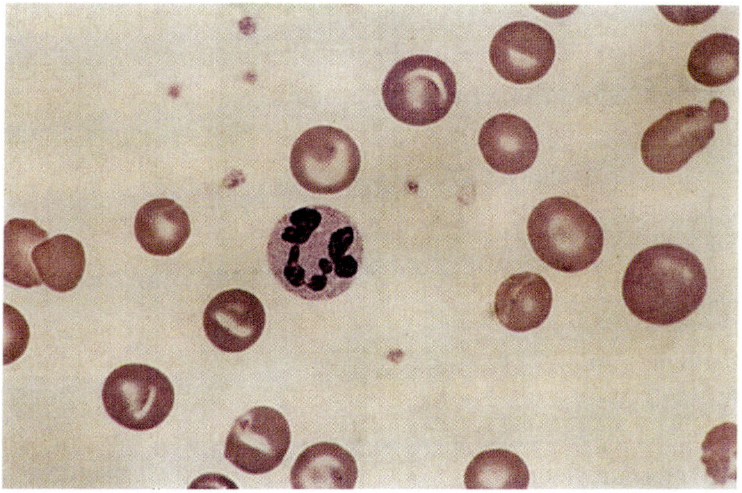

图 5-8

分叶过度的嗜中性粒细胞。犬猫嗜中性粒细胞可达到 5 个核叶。图中的嗜中性粒细胞具有 8 个核叶，是寿命延长的表现(100×)。

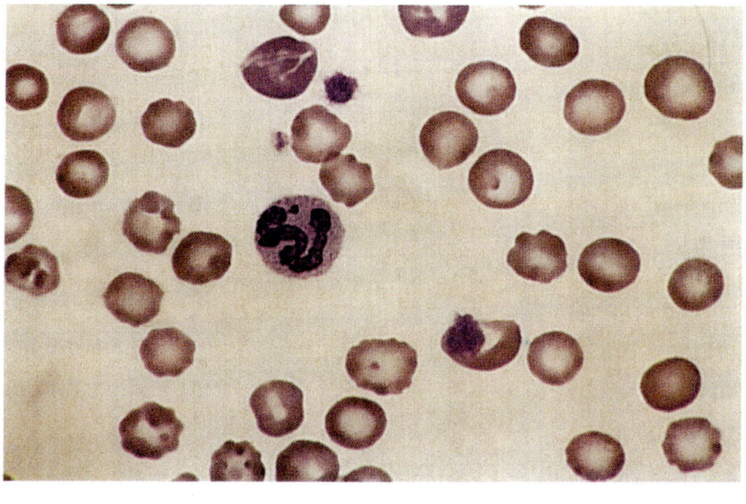

图 5-9

带有巴尔小体(Barr body)的犬嗜中性粒细胞。嗜中性粒细胞核上的网球拍样附着物即为巴尔小体或性分叶(sex lobe)，表明该犬是母犬。如果存在鉴别性别或患病动物问题时，可利用犬猫的这一嗜中性粒细胞形态学特征进行鉴别(100×)。

异常形态

中毒性嗜中性粒细胞(图 5-10A、图 5-10B 和图 5-10C)

- ▶ 犬猫发生严重的炎性疾病和毒血症时,嗜中性粒细胞的形态学变化十分明显。
- ▶ 形态学变化的程度与炎症和毒血症的强度成比例。
- ▶ 中毒性嗜中性粒细胞的形态特征:
  - 细胞质呈弥散性嗜碱性——细胞质颜色变为蓝灰色。
  - 细胞质空泡化——细胞质内形成不规则的空泡。
  - Dohle 小体——一个或者多个不规则的嗜碱性细胞质包涵体。
  - 细胞核形状异常——不规则的分叶或者出现环形核。
- ▶ 用 1+到 3+来表示轻度、中度和严重的中毒变化。

传染原(图 5-11 和图 5-12)

- ▶ 在嗜中性粒细胞的细胞质内可观察到的微生物有埃利希体、犬肝簇虫(*Hepatozoon*)和组织胞浆菌(*Histoplasma*)。
- ▶ 在嗜中性粒细胞和淋巴细胞的胞浆内,偶尔也可以观察到犬瘟热包涵体。

在遗传性疾病中,嗜中性粒细胞的形态学变化

- ▶ 溶酶体蓄积症——患有粘多糖病和神经节苷脂沉积症的犬猫,其嗜中性粒细胞含有微小的紫色细胞质颗粒(图 5-13)。
- ▶ 切-东二氏综合征(Chediak-Higashi syndrome)——嗜中性粒细胞的细胞质内出现小的、粉红色圆形颗粒。
- ▶ Pelger Huet 异常症(图 5-14):
  - 偶尔见于犬。
  - 嗜中性粒细胞和嗜酸性粒细胞的核分叶减少,但具有深染、浓密的成熟染色质。
  - 嗜中性粒细胞和嗜酸性粒细胞功能正常,因此,该病的临床表现不明显。
  - 必须与真正的核左移区分。
  - 也发生于兔,通常与其他致命性的遗传性异常同时发生。

图 5-10
中毒性嗜中性粒细胞。存在严重的炎症或者毒血症时，嗜中性粒细胞发生形态学变化，包括：嗜碱性细胞质、细胞质空泡化、Dohle 小体、细胞质颗粒化以及细胞核畸形。三张图片的中毒性嗜中性粒细胞都存在嗜碱性细胞质。**A** 和 **B** 中的嗜中性粒细胞含有 Dohle 小体(箭头所指)。**C** 显示的是猫血液中含有嗜碱性颗粒细胞质以及环形细胞核的嗜中性粒细胞。

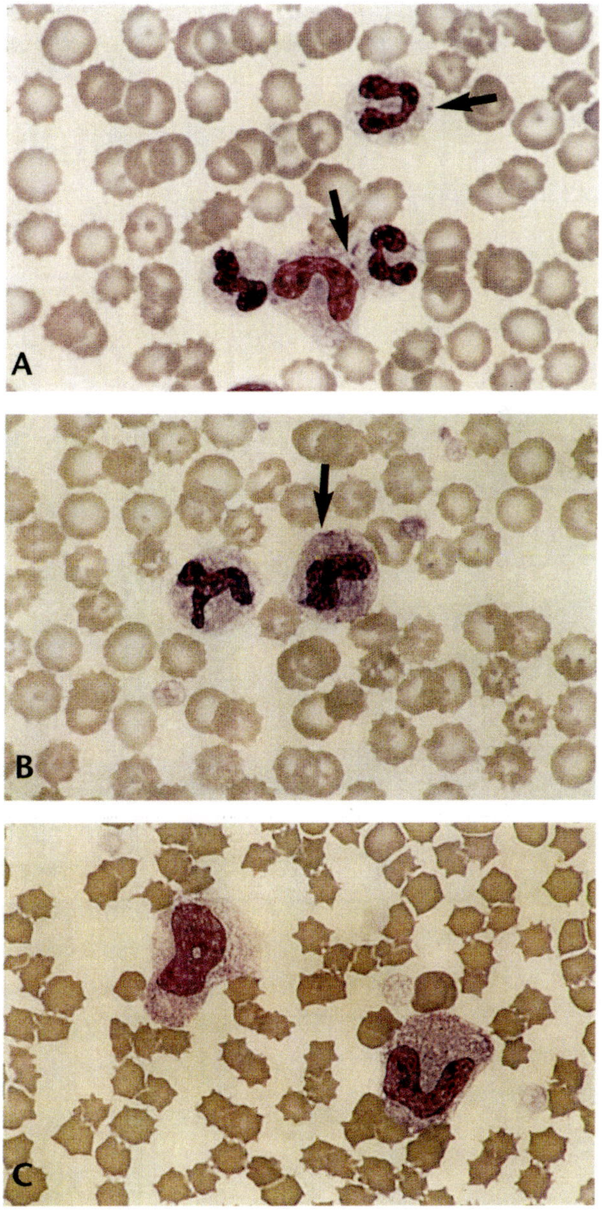

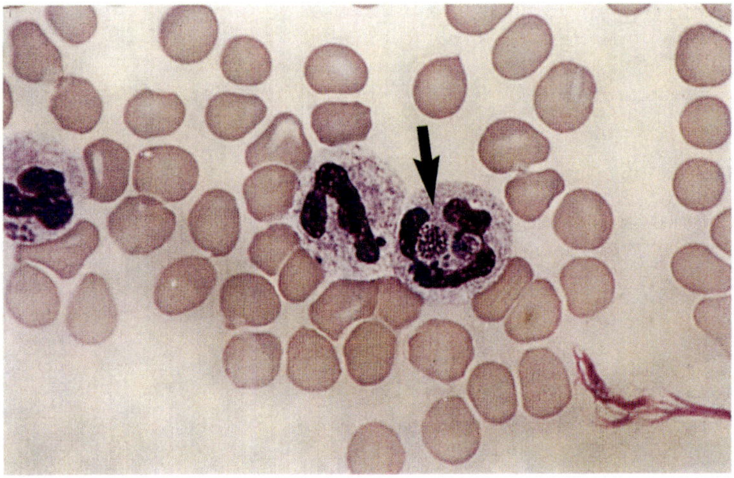

图 5-11

犬埃利希体(*Ehrlichia canis*):嗜中性粒细胞细胞质内圆形颗粒状嗜碱性包涵体是埃利希体的桑椹胚(100×)。

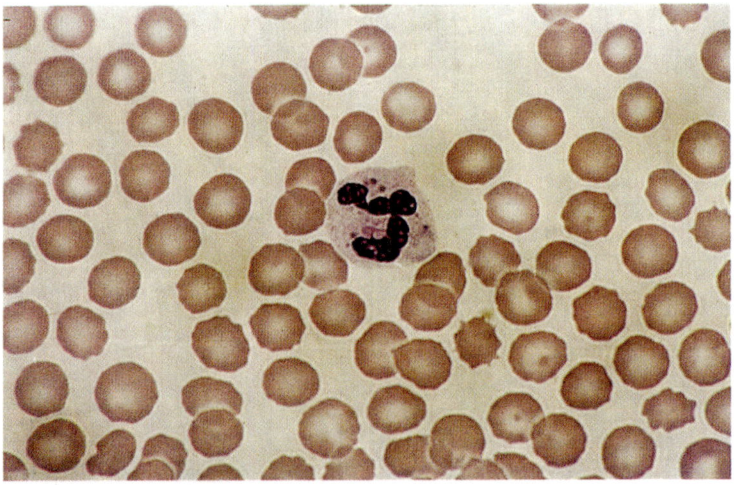

图 5-12

犬瘟热包涵体:嗜中性粒细胞中淡粉色的圆形细胞质小滴就是犬瘟热病毒包涵体(100×)。

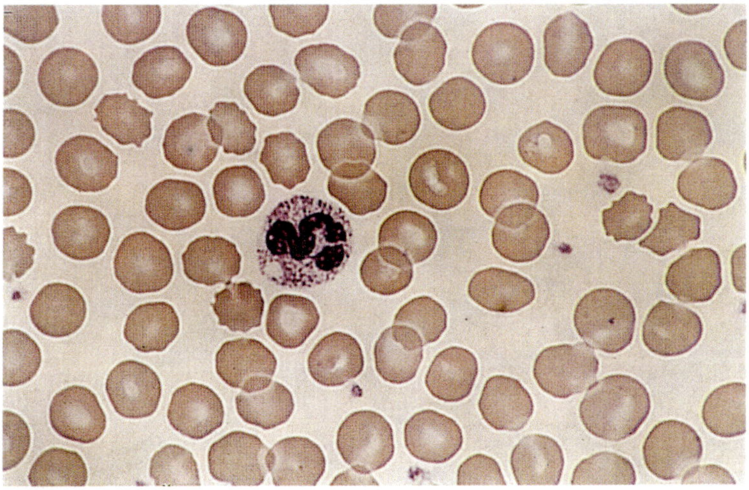

图 5-13

患溶酶体蓄积症犬的嗜中性粒细胞。在患有神经节苷脂沉积症犬的分叶嗜中性粒细胞内观察到大量嗜碱性小颗粒。患有粘多糖病的猫，其嗜中性粒细胞也有相似的表现(100×)。

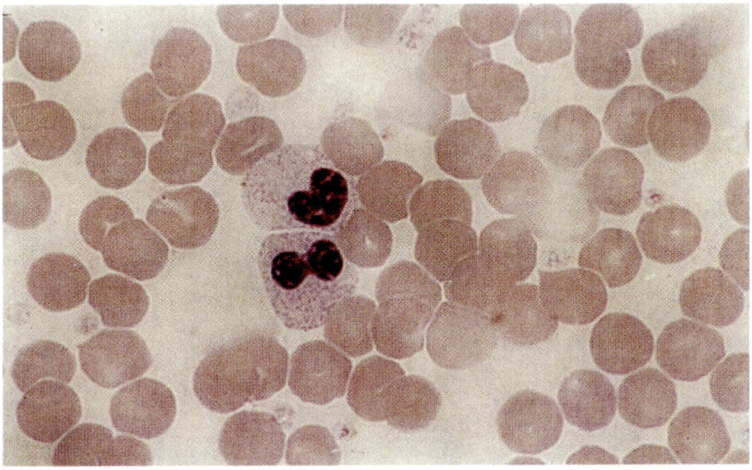

图 5-14

犬血涂片，示 Pelger Huet 异常症。这种遗传性疾病可导致分叶嗜中性粒细胞和嗜酸性粒细胞核分叶减少，出现永久性的核左移。然而，嗜中性粒细胞不发生中毒性变化，且核内染色质深染、浓密，发育成熟(100×)。

6

嗜酸性粒细胞

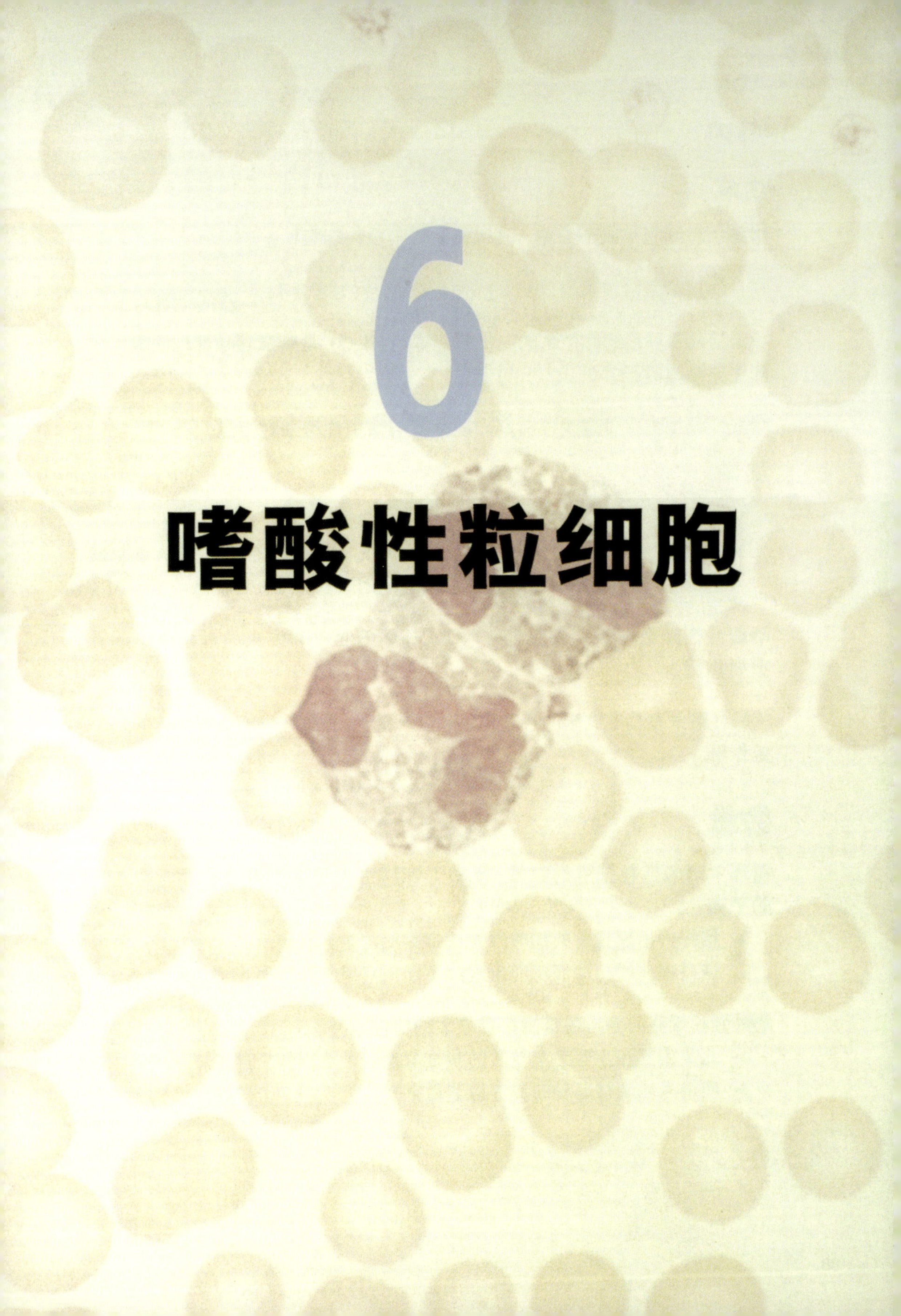

概述

生成

嗜酸性粒细胞生成于骨髓，其过程与嗜中性粒细胞相似。

在中幼粒细胞阶段可辨别出嗜酸性粒细胞，因为它含有特殊的嗜酸性颗粒。

由激活的T淋巴细胞产生的白细胞介素5(IL-5)是刺激嗜酸性粒细胞生成的主要细胞因子。

嗜酸性粒细胞在骨髓生成时间和贮存都与嗜中性粒细胞相似。

功能

嗜酸性粒细胞是全身性过敏反应的一个主要组成部分。

- ▶ 当寄生虫抗原或过敏原与肥大细胞上的特定IgE结合时，肥大细胞发生脱粒并释放能吸引嗜酸性粒细胞的组胺。

嗜酸性粒细胞在杀死表面含有IgG或补体的吸虫和线虫的过程中也起着重要作用。

嗜酸性粒细胞具有有限的吞噬作用和杀菌活性，在破坏肿瘤细胞中可能起一定作用。

数量

循环中嗜酸性粒细胞的数量，反映了骨髓生成与组织需求或者消耗之间的平衡。

- ▶ 组织内出现显著的嗜酸性炎性细胞反应是很多疾病的一个特点。发生这些疾病时，血液可能出现或不出现嗜酸性粒细胞增多。

嗜酸性粒细胞的参考值范围存在较大的地理差异。

- ▶ 北美南部和东部沿海地区的参考值要高于北部和中部平原地区。
- ▶ 使用当地动物品种的参考值非常重要。

嗜酸性粒细胞减少症

嗜酸性粒细胞减少症，可定义为循环血液中嗜酸性粒细胞的数量减少。

- ▶ 在大多数实验室中，嗜酸性粒细胞绝对数量的参考值下限为 0 或者是一个很小的数字。因此，只有连续做多次全血细胞计数时，才容易发现嗜酸性粒细胞减少。

内源性糖皮质激素分泌或者使用外源性糖皮质激素时，由于骨髓释放嗜酸性粒细胞减少，且组织内嗜酸性粒细胞的存贮和凋亡增加，最终导致嗜酸性粒细胞减少症。

由于嗜酸性粒细胞数量随糖皮质激素水平的增加而减少，因此，应激动物出现正常的嗜酸性粒细胞计数时，应考虑嗜酸性粒细胞增多的病因。

嗜酸性粒细胞增多症

嗜酸性粒细胞增多症，可定义为嗜酸性粒细胞绝对计数增加。

嗜酸性粒细胞增多症的病因包括：

- ▶ 过敏——病因可能是 IgE 介导的过敏反应，特别是当动物反复接触过敏原时。
- ▶ 寄生虫——具有组织间移行或组织接触期的吸虫、线虫或体外寄生虫。
- ▶ 肉芽肿性炎症——由真菌或者异物引起的慢性肉芽肿性疾病。
- ▶ 肿瘤——肥大细胞瘤以及较不常见的淋巴瘤，可引起嗜酸性粒细胞增多症。伴有嗜酸性粒细胞严重浸润的肿瘤，其预后可能要好于没有嗜酸性粒细胞浸润的肿瘤。
- ▶ 嗜酸性粒细胞增多综合征——很难与嗜酸性粒细胞性白血病区分。通常在排除其他病因后考虑。
- ▶ 嗜酸性粒细胞性白血病——非常罕见的猫骨髓增生性肿瘤。在血液中，嗜酸性粒细胞以不成熟的形式出现。还能观察到嗜酸性粒细胞浸润至肝脏、脾脏以及淋巴结。

发生于皮肤、胃肠道、肺部或者雌性动物生殖道的过敏性、寄生虫性或者炎性疾病，也可能导致嗜酸性粒细胞增多症。

形态

嗜酸性粒细胞形态学存在显著的种间差异。

犬嗜酸性粒细胞

- 大小——直径 12～20 μm，与嗜中性粒细胞相似或者稍大。
- 细胞核——分叶或者部分分叶，染色质浓密、深紫。
- 细胞质——含有大小和数量不等的圆形橙红色颗粒（图 6-1A 和图 6-1B）。犬嗜酸性粒细胞偶尔也可能含有一个较大的圆形颗粒，其大小和颜色与红细胞相似（图 6-1C）。

猫嗜酸性粒细胞（图 6-2A、图 6-2B 和图 6-3）

- 大小——直径 12～20 μm，与嗜中性粒细胞相似或者稍大。
- 细胞核——分叶或者部分分叶，染色质深紫。
- 细胞质——含有大量淡粉色的棒状颗粒。

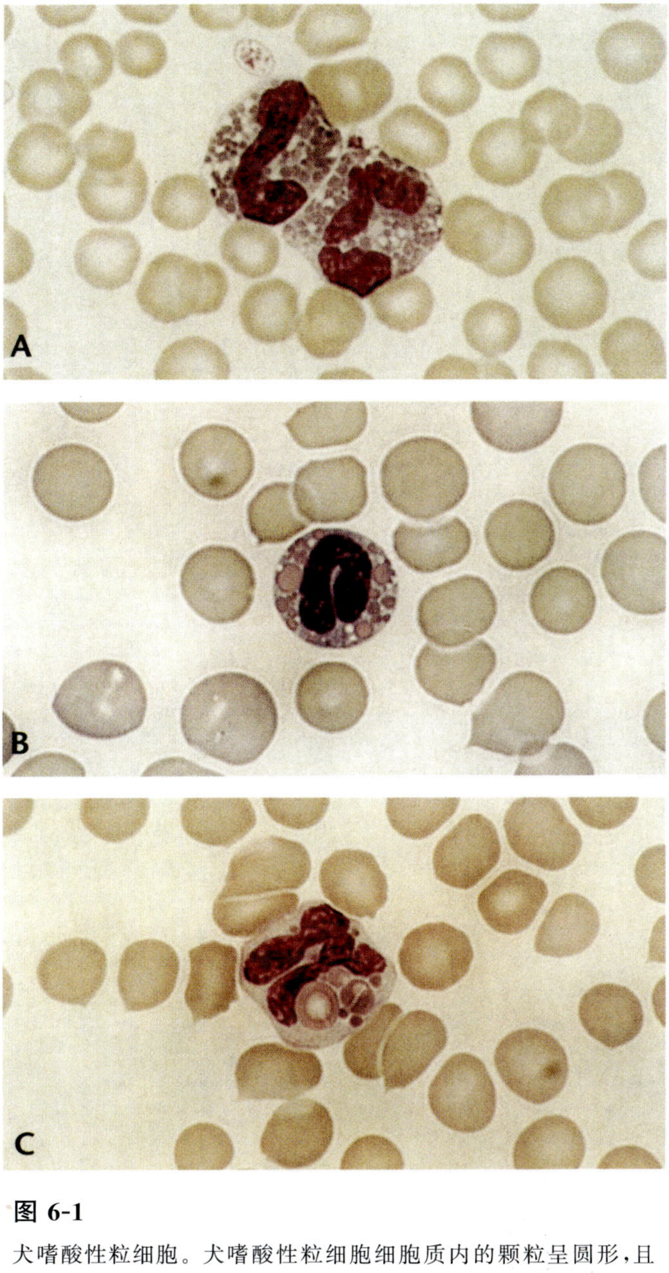

图 6-1

犬嗜酸性粒细胞。犬嗜酸性粒细胞细胞质内的颗粒呈圆形，且大小、数量不等。**A.** 颗粒数量多、圆形、小。**B.** 颗粒数量较少，且大小差异较显著。**C.** 该嗜酸性粒细胞含有一些大而圆的颗粒。该细胞内颗粒的大小和颜色与周围的红细胞相似（100×）。

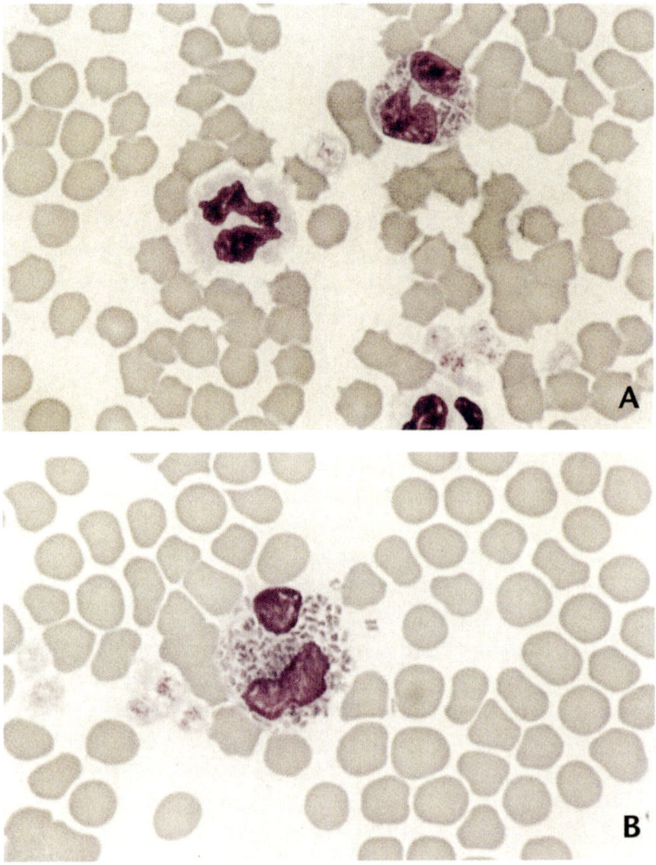

图 6-2

猫嗜酸性粒细胞。

A. 嗜酸性粒细胞（右上）内的颗粒是淡粉色的棒状颗粒。**B.** 该细胞的细胞膜在制备涂片过程中已经破裂，可清晰地看到棒状颗粒（100×）。

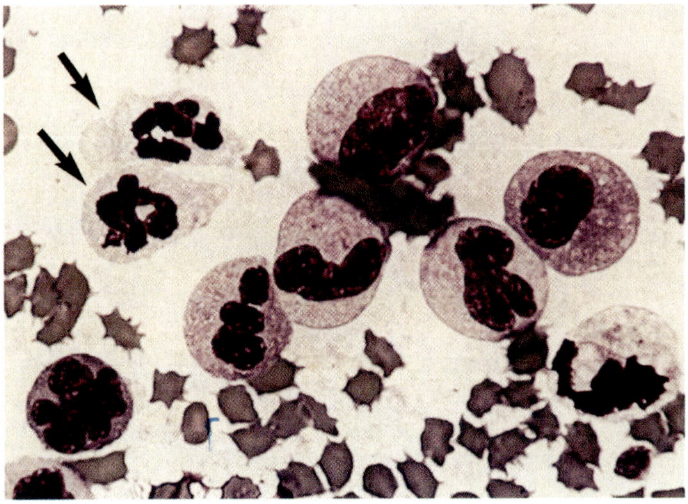

图 6-3

猫嗜酸性粒细胞性白血病。两个嗜中性粒细胞（箭头所指）与几个处于不同发育阶段的嗜酸性粒细胞相邻，有分叶粒细胞、杆状粒细胞、晚幼粒细胞以及中幼粒细胞（100×）。

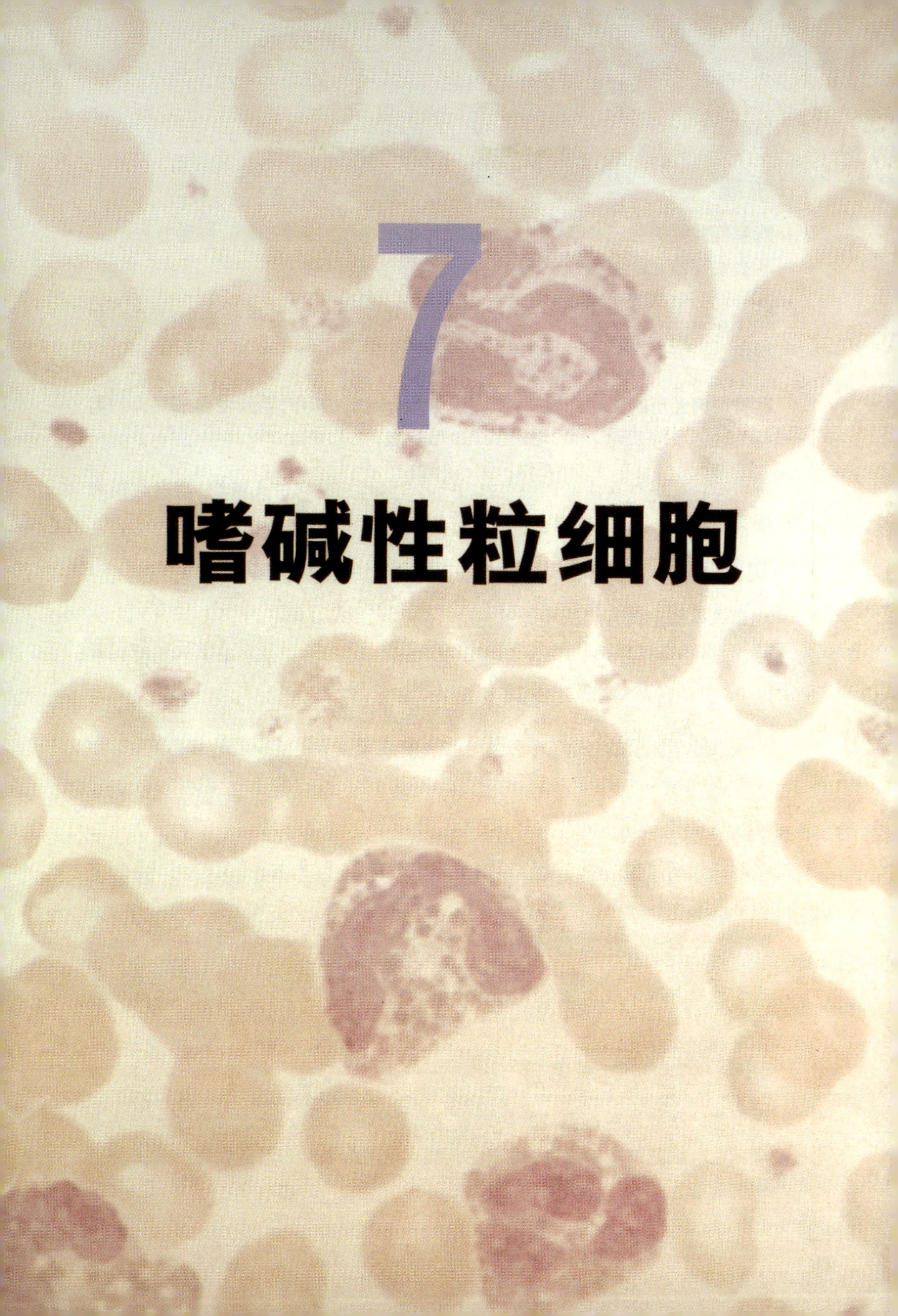

7

嗜碱性粒细胞

概述

生成

嗜碱性粒细胞生成于骨髓，与组织肥大细胞源于共同的细胞。嗜碱性粒细胞不会发育成肥大细胞，但两者功能相似。

在中幼粒细胞时期，可通过特征性的次生颗粒来识别未成熟的嗜碱性粒细胞。

在骨髓内经历晚幼粒细胞、杆状粒细胞和分叶粒细胞时期到发育成熟大约需要 2.5 天。

嗜碱性粒细胞只在血循环中存在几个小时，然后转移进入组织，可在组织内停留数周。

功能

嗜碱性颗粒中含有组胺和肝素。

- 嗜碱性粒细胞和肥大细胞释放的组胺，在一些速发型过敏反应中起着重要作用，如荨麻疹、过敏反应和急性过敏。
- 肝素可抑制凝血，在炎症反应中起着重要作用。
- 活性嗜碱性粒细胞可合成一些诱发或者调节炎症反应的细胞因子。

数量

嗜碱性粒细胞在循环白细胞总数中的比例很低。对于大多数的犬猫，在人工白细胞分类计数时，很少观察到嗜碱性粒细胞。

嗜碱性粒细胞减少症

由于外周血液中很少能观察到嗜碱性粒细胞，因此，很难判断嗜碱性粒细胞减少症。内源性或者外源性糖皮质激素可导致循环嗜碱性粒细胞减少。

嗜碱性粒细胞增多症

当犬猫的嗜碱性粒细胞计数持续在 200～300/μL 时，应该考虑到一些引起嗜碱性粒细胞增多的原因。嗜碱性粒细胞增多症通常与嗜酸性粒细胞增多症同时发生。

嗜碱性粒细胞增多症的病因包括：

- 过敏以及超敏反应。
- 寄生虫——具有显著的组织间移行或者组织接触期的线虫、吸虫或体外寄生虫。恶丝虫病、蜱侵袭和跳蚤过敏也是常见的病因。
- 高脂血症——与脂血症相关的代谢性或者内分泌性疾病，通常伴发嗜碱性粒细胞增多症。
- 嗜碱性粒细胞性白血病——非常少见的骨髓增生性肿瘤。

形态

嗜碱性粒细胞形态学存在显著的种间差异。

犬嗜碱性粒细胞

- 大小——直径 12～20 μm，与嗜中性粒细胞相似或稍大。
- 细胞核——分叶核（图 7-1A）。
- 细胞质——呈淡紫色或者灰色，含有少量散在的深色颗粒（图 7-1B）。某些细胞颗粒可能非常稀少，甚至完全没有。

猫嗜碱性粒细胞

- 大小——直径 12～20 μm，比嗜中性粒细胞稍大。
- 细胞核——分叶核，染色质淡染、均质，与单核细胞的细胞核极为相似。
- 细胞质——含有大量圆形、淡紫色颗粒（图 7-2A 和图 7-2B）。

肥大细胞

- 大小——与犬猫的嗜碱性粒细胞相似。
- 细胞核——圆形至椭圆形，位于细胞质的中央或者一侧。
- 细胞质——含有大量圆形、深紫色小颗粒，部分颗粒可能部分遮蔽细胞核（图 7-3 和图 7-4）。

外周血液中很难见到肥大细胞。

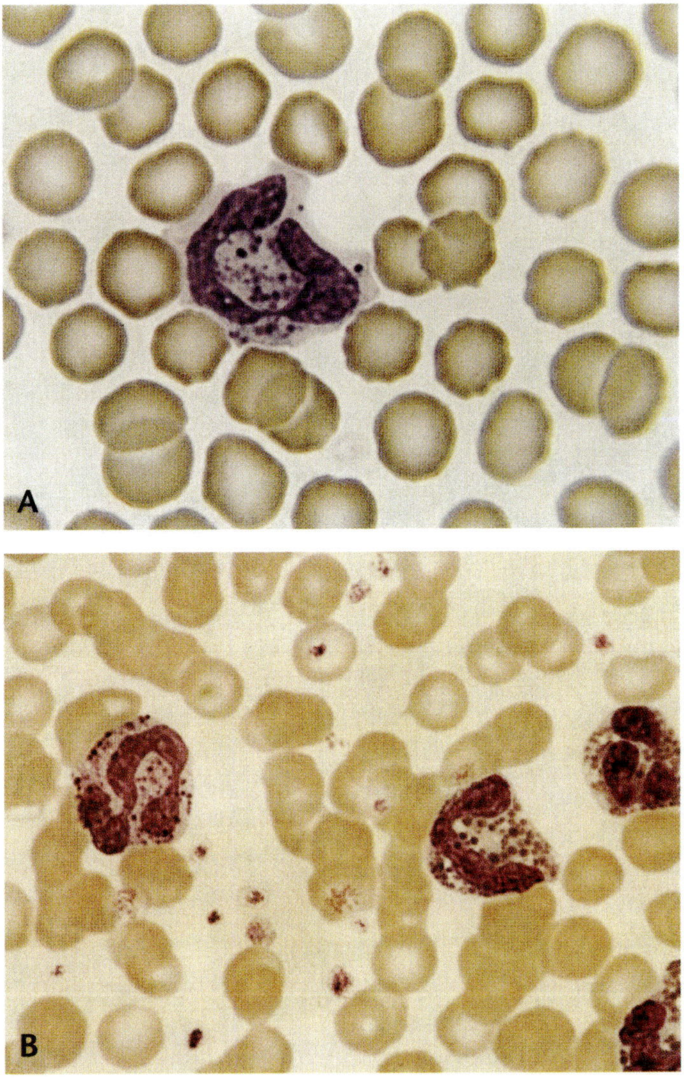

图 7-1

犬嗜碱性粒细胞。**A.** 灰色细胞质内含有分叶核以及一些嗜碱性颗粒。**B.** 嗜碱性粒细胞(左边)的细胞质颗粒与嗜酸性粒细胞的橙红色颗粒相比,颜色较深(100×)。

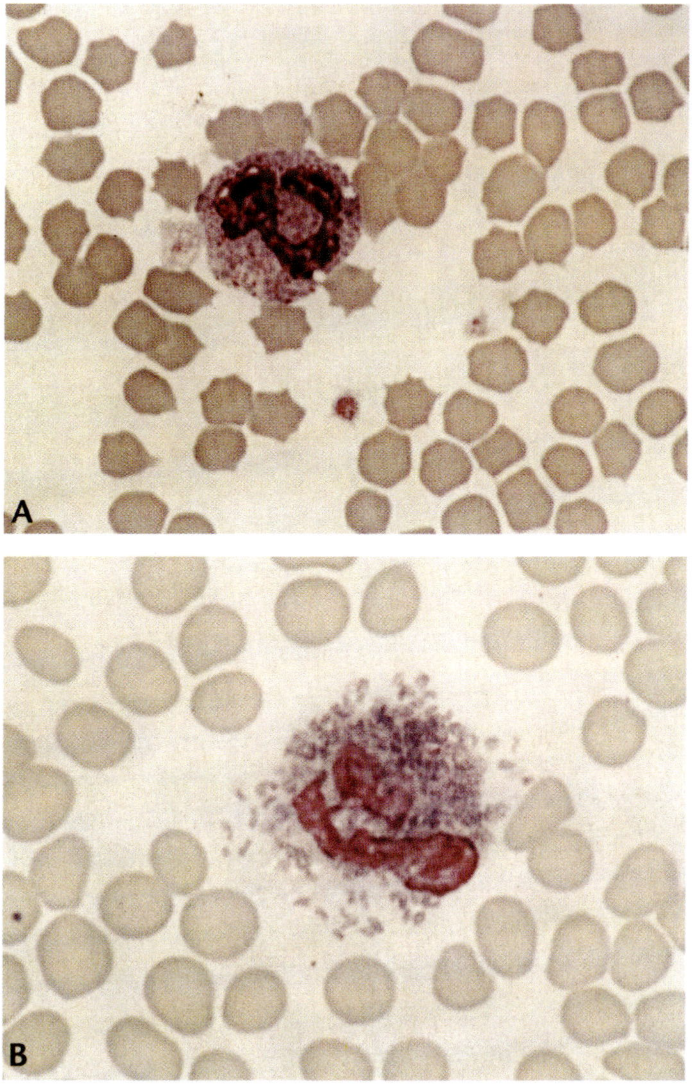

图 7-2

猫嗜碱性粒细胞。**A.** 大量圆形淡紫色颗粒围绕着分叶核。猫的嗜碱性粒细胞很容易与单核细胞混淆。**B.** 细胞膜在血涂片制备时破裂，能清晰地看到淡紫色的细胞质颗粒（100×）。

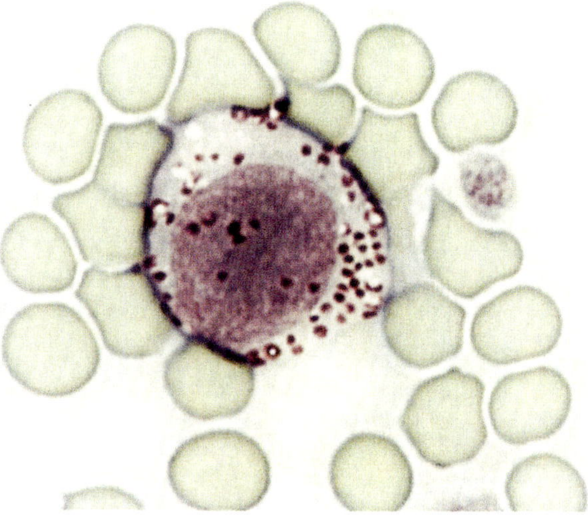

图 7-3

猫肥大细胞性白血病。肥大细胞具有圆形的细胞核以及中等量的细胞质。该肥大细胞内只含有少量嗜碱性细胞质颗粒(100×)。

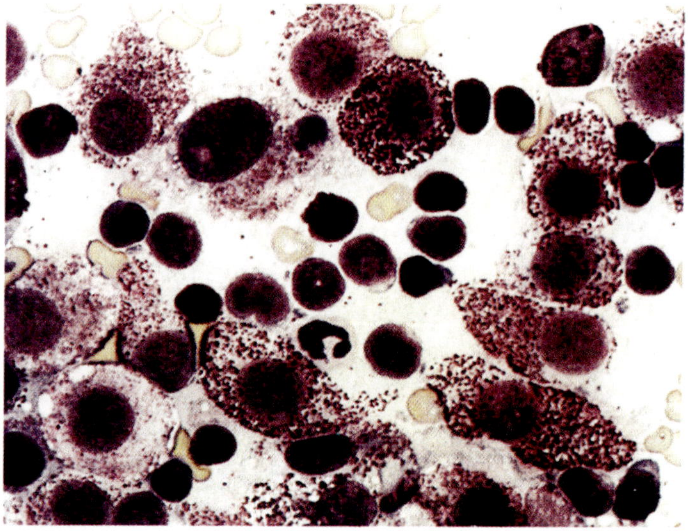

图 7-4

猫淋巴结细针穿刺。皮肤肥大细胞瘤转移至局部淋巴结。淋巴液中出现了大量含有颗粒的肥大细胞,而淋巴细胞很少(60×)。

8

单核细胞

概述

生成

单核细胞起源于骨髓。

- ▶ 单核细胞不同于粒细胞，它们以未成熟的形态释放进入外周血液，然后转运至各个组织，在组织内分化形成巨噬细胞、上皮细胞或者多核型炎性巨细胞。
- ▶ 循环中的单核细胞与骨髓中嗜中性中幼粒细胞的分化程度相当。

骨髓内没有单核细胞的贮存池。

- ▶ 单核细胞及其前体（成单核细胞，前单核细胞）存在数量较少，可能很难分辨。
- ▶ 循环单核细胞数量增加反映了单核细胞的生成增加。

功能

单核细胞/巨噬细胞连续体是循环吞噬系统的第二大分支（嗜中性粒细胞是第一大分支）。特异的巨噬细胞的功能包括：

- ▶ 吞噬作用。
- ▶ 通过释放炎性介质来调节炎症反应（趋化因子、前列腺素、补体片段等）。
- ▶ 进行抗原处理以提呈给淋巴细胞；参与激活免疫应答。
- ▶ 参与调节机体的铁存贮。

数量

单核细胞减少症——循环单核细胞数量减少——临床上不能识别。

单核细胞增多症，可定义为循环单核细胞数量增加。

单核细胞增多症意味着：

- ▶ 存在炎症
- ▶ 吞噬需求
- ▶ 组织坏死

轻微的单核细胞增多与循环糖皮质激素升高诱发的“应激反应”有关。该反应没有特异性。

形态

正常形态

犬猫单核细胞的形态相似。

正常单核细胞具有以下特征：

- 大小——15～20 μm。
- 细胞核——形状不规则，花边状网状染色质(图 8-1A 和图 8-1B)。
- 细胞质——大量，呈灰色或蓝灰色。

单核细胞正常形态变化可能与样品处理有关。

- 使用新鲜未抗凝血液制备的血涂片中，单核细胞通常呈圆形，没有细胞质空泡。
- 使用 EDTA 抗凝的血液制备的血涂片中，单核细胞呈现具有伪足的不规则边缘。通常含有细胞质空泡。

异常形态

如果血液中需要吞噬作用，那么循环单核细胞就可以分化形成巨噬细胞。

- 细胞核变成圆形至椭圆形(图 8-2)。
- 细胞质变得更加丰富。
- 细胞质空泡变得更加显著，且可能含有一些被吞噬的具有诊断意义的物质(图 8-3)：
  -红细胞，见于免疫介导性溶血性贫血。
  -酵母，如全身性组织胞浆菌病。
  -原虫，如利什曼病。

无论何时出现明显的单核细胞增多症，都应该使用血沉淡黄层涂片来富集单核细胞，以便于判定其吞噬的物质。

- 使用新鲜采集的血液，立刻制备血沉淡黄层涂片。
- 如果血液用 ETDA 抗凝并保存，那么一些单核细胞就会分化，形成巨噬细胞并吞噬破裂的红细胞甚至其他白细胞。这样的检测结果不能表明任何疾病。

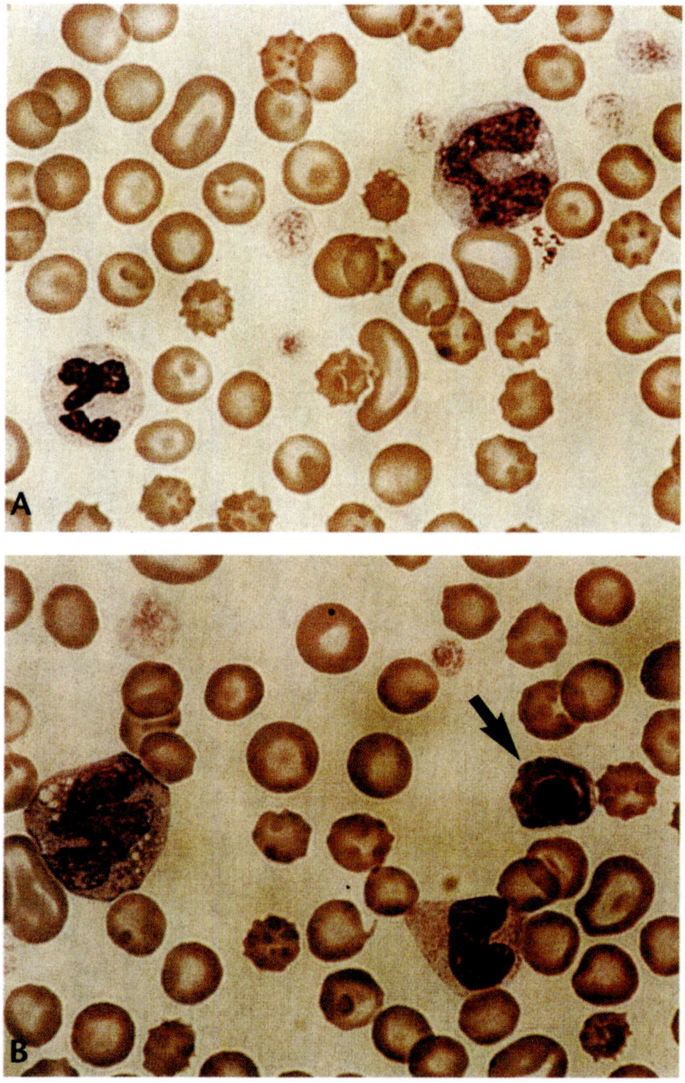

图 8-1

犬单核细胞。单核细胞稍大于嗜中性粒细胞，细胞质呈蓝灰色，核分叶，染色质呈花边状。**A.** 一个分叶嗜中性粒细胞（左边）和一个单核细胞（右边）。**B.** 单核细胞（左边）含有一些圆形的、清晰的细胞质空泡。视野右边是一个杆状嗜中性粒细胞和一个有核红细胞（箭头所指）（100×）。

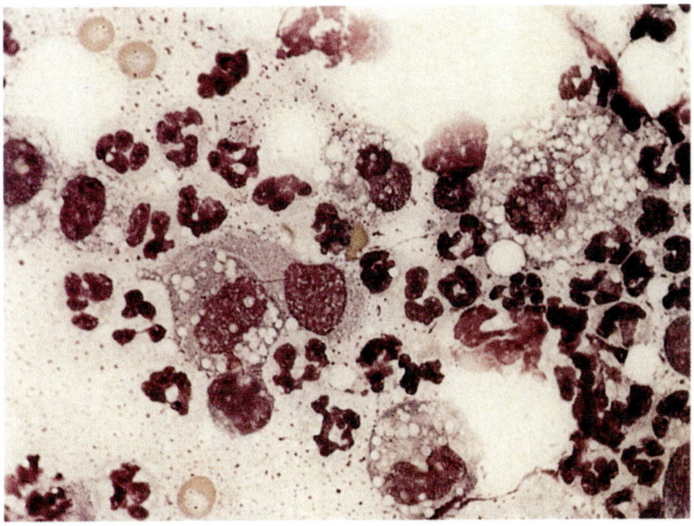

图 8-2

肉芽肿性皮肤损伤的细针穿刺物。与嗜中性粒细胞相邻的大巨噬细胞，其细胞质内含有大量空泡，细胞核呈圆形至椭圆形。巨噬细胞由血液中的单核细胞衍生而来（100×）。

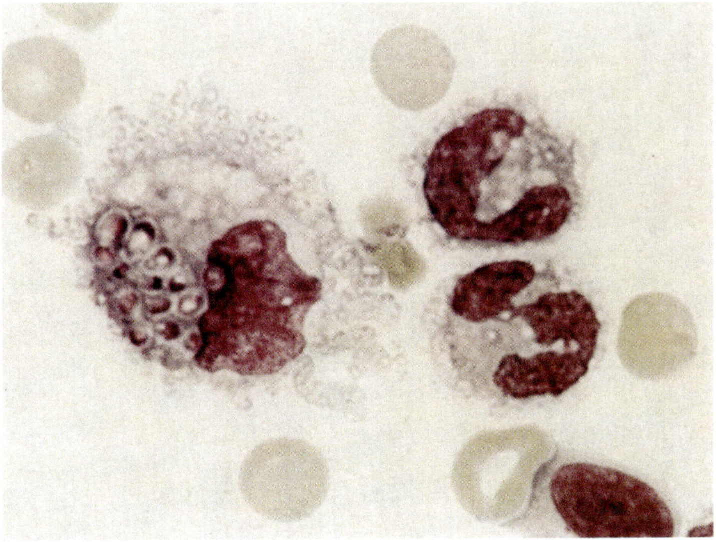

图 8-3

犬血沉淡黄层涂片。大巨噬细胞内含有被吞噬的组织胞浆菌。

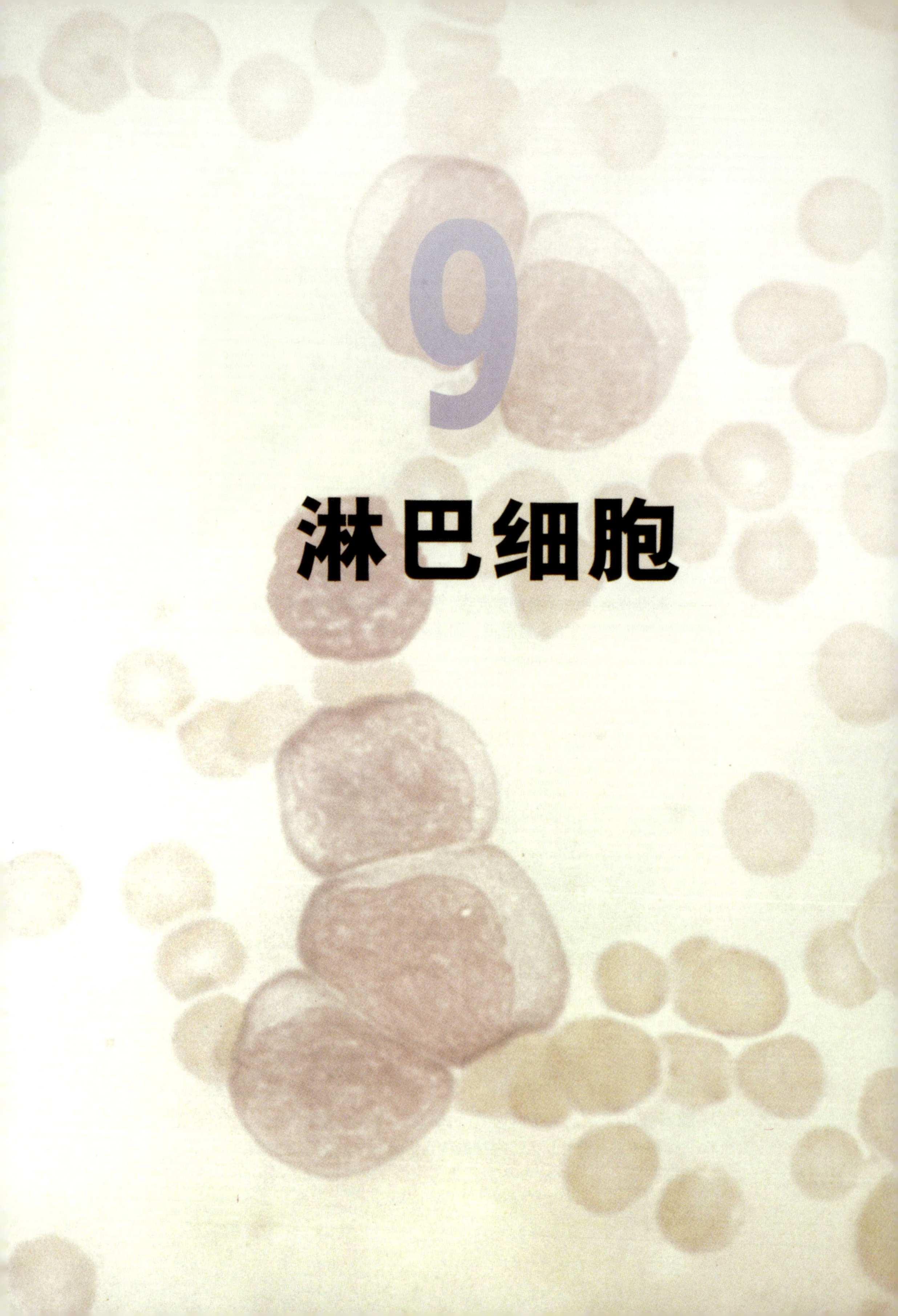

9

淋巴细胞

概述

生成

外周血液淋巴细胞起源于骨髓或胸腺。

健康犬猫循环淋巴细胞(图 9-1A、图 9-1B 和图 9-1C),大约有 70%来源于胸腺(T 淋巴细胞),大约有 30%来源于骨髓(B 淋巴细胞)。

不同于粒细胞和单核细胞从骨髓进入血液,再进入组织的单向循环,淋巴细胞可重复循环。循环路线为从血液到淋巴结,再到淋巴液,最后返回血液中。

- ▶ 每次循环中,在血液中的停留时间为 8～12 h。

再循环淋巴细胞寿命较长,一般能存活数月至数年。

功能

淋巴细胞是特异性免疫系统细胞。

- ▶ B 淋巴细胞可分化形成能产生抗体的浆细胞(体液免疫)(图 9-2)。
- ▶ T 淋巴细胞通过形成并释放一些细胞因子来参与细胞免疫。

外周血液淋巴细胞作为免疫系统记忆细胞而发挥作用。

- ▶ 淋巴细胞在再循环时,会密切监测那些先前激活它们的抗原。
- ▶ 当接触抗原后,被激活的淋巴细胞进入淋巴结时,它们可通过选择性克隆扩增来激发机体的细胞免疫应答和体液免疫应答。

数量

淋巴细胞减少症

淋巴细胞减少症,即循环淋巴细胞的数量减少。

引起淋巴细胞减少症的病因包括:

- ▶ 高水平的循环糖皮质激素(应激,库欣氏综合征)。
  - -轻度淋巴细胞减少症——淋巴细胞计数在 750～1 000/μL 之间。
  - -淋巴细胞计数低于 750/μL 时,应考虑其他病因。

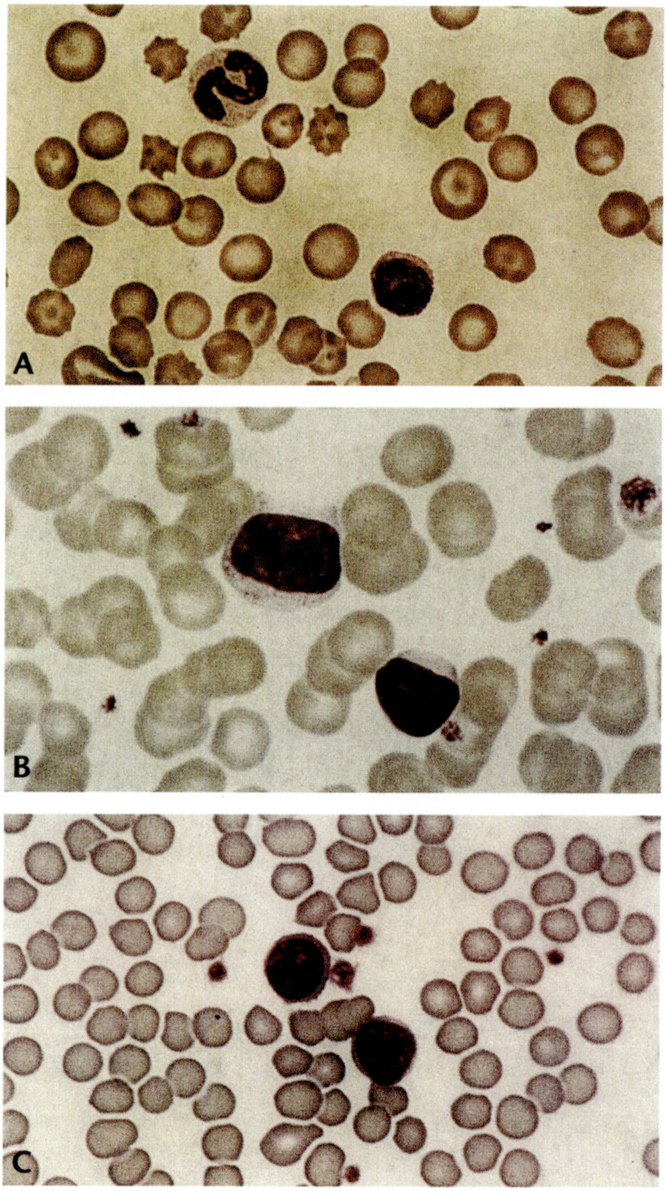

图 9-1

正常的淋巴细胞。犬猫淋巴细胞的大小与嗜中性粒细胞的大小相同或者稍小一些。**A.** 和 **B.** 犬淋巴细胞，浅蓝色的细胞质较少，圆形细胞核偏于一侧，染色质深染、均质。**C.** 猫淋巴细胞，与犬的淋巴细胞相似（**A** 和 **C** 100×，**B** 120×）。

▶ 淋巴细胞再循环中断(乳糜渗出)。
  - 淋巴细胞计数非常低(200/μL 或者更低)。
  - 通常伴有血浆蛋白减少。

▶ 淋巴肉瘤
  - 再循环淋巴细胞不能通过患病淋巴结而引起淋巴细胞减少。
  - 淋巴细胞减少症和淋巴细胞增多症一样常见于淋巴肉瘤病例。

淋巴细胞增多症

淋巴细胞增多症,即循环淋巴细胞的数量增加。

病因包括:

▶ 兴奋(生理性淋巴细胞增多只见于猫)
  - 生理性淋巴细胞增多是由循环肾上腺素升高而引起的,肾上腺素使血流增加,并将边缘池的淋巴细胞冲回循环池。
  - 淋巴细胞计数可达 20 000/μL。
  - 淋巴细胞形态以及红细胞数都正常。

▶ 抗原刺激
  - 炎性疾病通常与抗原刺激相关。随着时间的延长,会出现淋巴细胞增多和球蛋白水平升高。
  - 许多淋巴细胞都有反应性(见下面的“形态”部分)。
  - 疫苗接种有可能引起淋巴细胞增多症,且通常是一些反应性淋巴细胞。

▶ 淋巴肉瘤/淋巴细胞性白血病
  - 通常在疾病的晚期出现淋巴细胞增多。
  - 通常伴发明显的非再生性贫血。
  - 还可能出现血小板减少症和嗜中性粒细胞减少症。
  - 大部分循环淋巴细胞可能是瘤性成淋巴细胞——具有花边形核染色质和巨核仁的大细胞(20 μm 或更大)。

形态

正常形态

犬猫的正常淋巴细胞形态相似。

正常淋巴细胞的特点包括(图 9-1)：

- ▶ 大小——9～12 μm。
- ▶ 细胞核——圆形、偏于一侧，染色质成块。
- ▶ 细胞质——缺乏边缘，淡蓝色。

反应性(抗原刺激性)淋巴细胞

受抗原刺激的淋巴细胞也称为反应性淋巴细胞、免疫细胞或者转化淋巴母细胞。

反应性淋巴细胞代表机体对抗原刺激产生了适当反应(图 9-3)。

犬猫反应性淋巴细胞的形态相似。

不能从形态上来区分受抗原刺激后的 B 细胞和 T 细胞。然而，分化后的 B 淋巴细胞具有特殊形态，被称为浆细胞(图 9-2)。

反应性淋巴细胞之间，形态上存在很大差异，但共同特点包括：

- ▶ 大小——15～20 μm。
- ▶ 细胞核——大、网状染色质。可能存在核仁。
- ▶ 细胞质——丰富，淡蓝至深蓝。可能存在苍白的核周区。

异型淋巴细胞

异型淋巴细胞是一种异常现象(表 9-1)。

异型淋巴细胞可见于传染病和肿瘤疾病，所以是一种非特异性的异常现象(图 9-4、图 9-5 和图 9-6)。

形态特征包括：

- ▶ 通常体积巨大。
- ▶ 细胞核呈锯齿状或者有裂缝(称为 Reiderform)。
- ▶ 细胞质内嗜苯胺蓝大颗粒不常见。

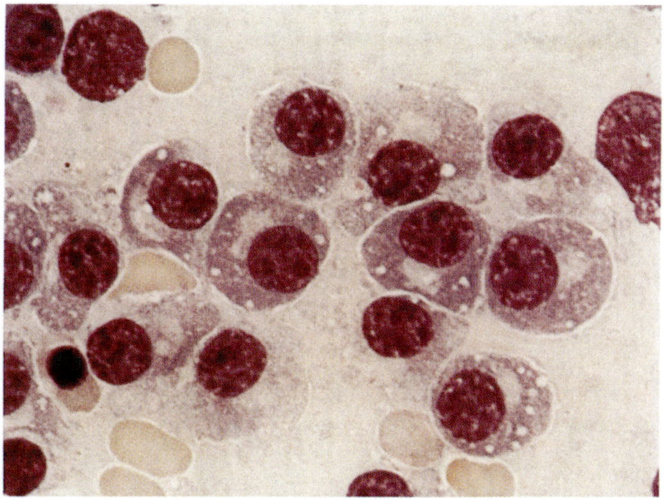

图 9-2

浆细胞。**B** 淋巴细胞分化形成浆细胞。这些细胞具有偏于一侧的圆形细胞核，染色质成块，蓝色的细胞质内含有一个亮区（100×）。

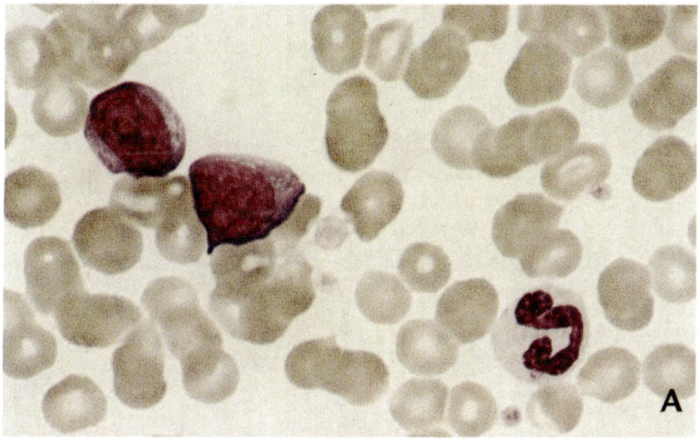

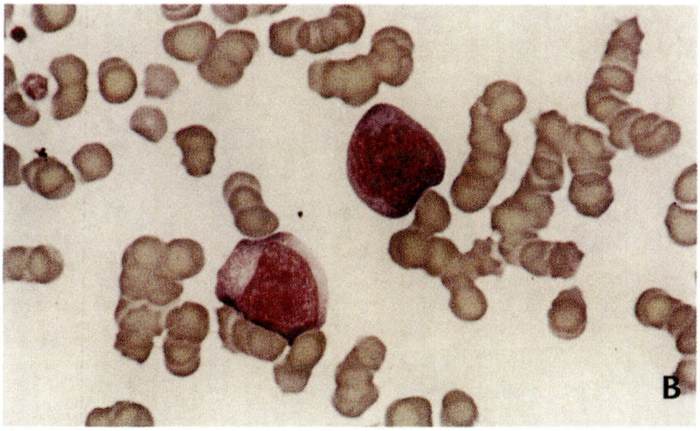

图 9-3

反应性淋巴细胞。犬（**A**）、猫（**B**）淋巴细胞在抗原刺激后形态发生了改变。反应性淋巴细胞要大于嗜中性粒细胞，大小不一，细胞质呈深蓝色。细胞核呈圆形，染色质呈网状，还能见到核仁残迹（100×）。

表 9-1　淋巴细胞异常的实验室特征一览表

变化	分类	机理	发生频率	形态学	其他表现	备注
减少(淋巴细胞减少症)	皮质类固醇或应激诱发		常见	正常		通常较轻微;计数<750/μL时,应考虑其他原因
	再循环中断	乳糜渗出	少见	可能正常	低蛋白血症	严重的淋巴细胞减少症
	淋巴肉瘤	患肿瘤的淋巴结阻断	少见	正常,偶尔出现异型淋巴细胞		淋巴细胞减少症和淋巴细胞增多症一样常见于淋巴肉瘤
增加(淋巴细胞增多症)	兴奋——只见于猫	边缘池淋巴细胞进入循环	常见	正常	红细胞值正常	淋巴细胞计数可达20 000/μL
	抗原刺激	受抗原刺激后出现克隆扩增	常见	反应性淋巴细胞(免疫母细胞)		见于接种疫苗后1～2周
	淋巴肉瘤	肿瘤增殖	少见	异常——巨大的花边状细胞核;核仁明显	常见显著的非再生性贫血	淋巴细胞增多症通常发生于疾病晚期

图 9-4

犬异型淋巴细胞。该淋巴细胞大于嗜中性粒细胞，细胞核裂开不规则，具有网状染色质（100×）。

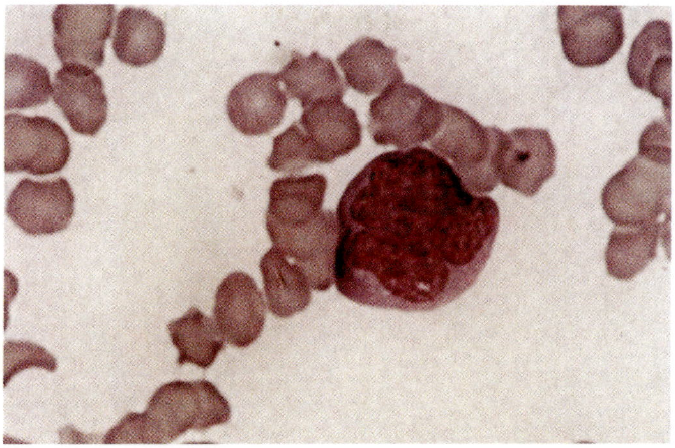

图 9-5

猫异型淋巴细胞。圆形的淋巴细胞内含有丰富的蓝色细胞质，大而散在的紫色不规则细胞质颗粒，椭圆形的核内含有成块的染色质。这些细胞见于猫的典型大颗粒淋巴瘤（100×）。

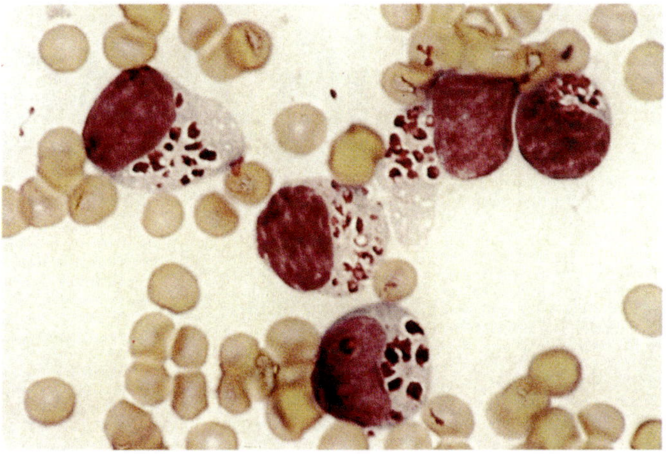

图 9-6

犬淋巴细胞性白血病。视野中可观察到很多大淋巴细胞，富含淡蓝色细胞质，网状染色质以及明显的核仁（100×）。

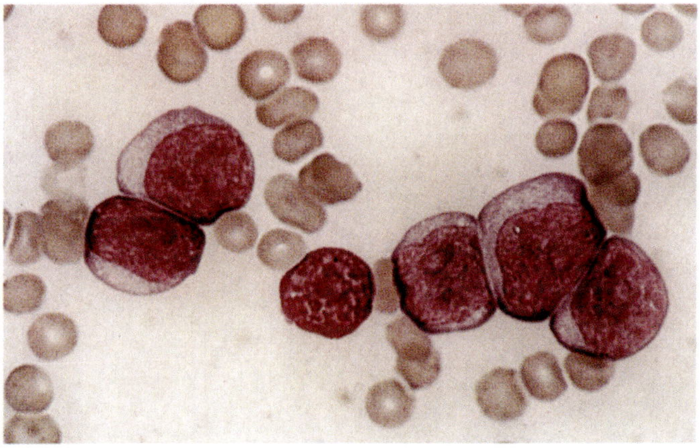

10

血小板

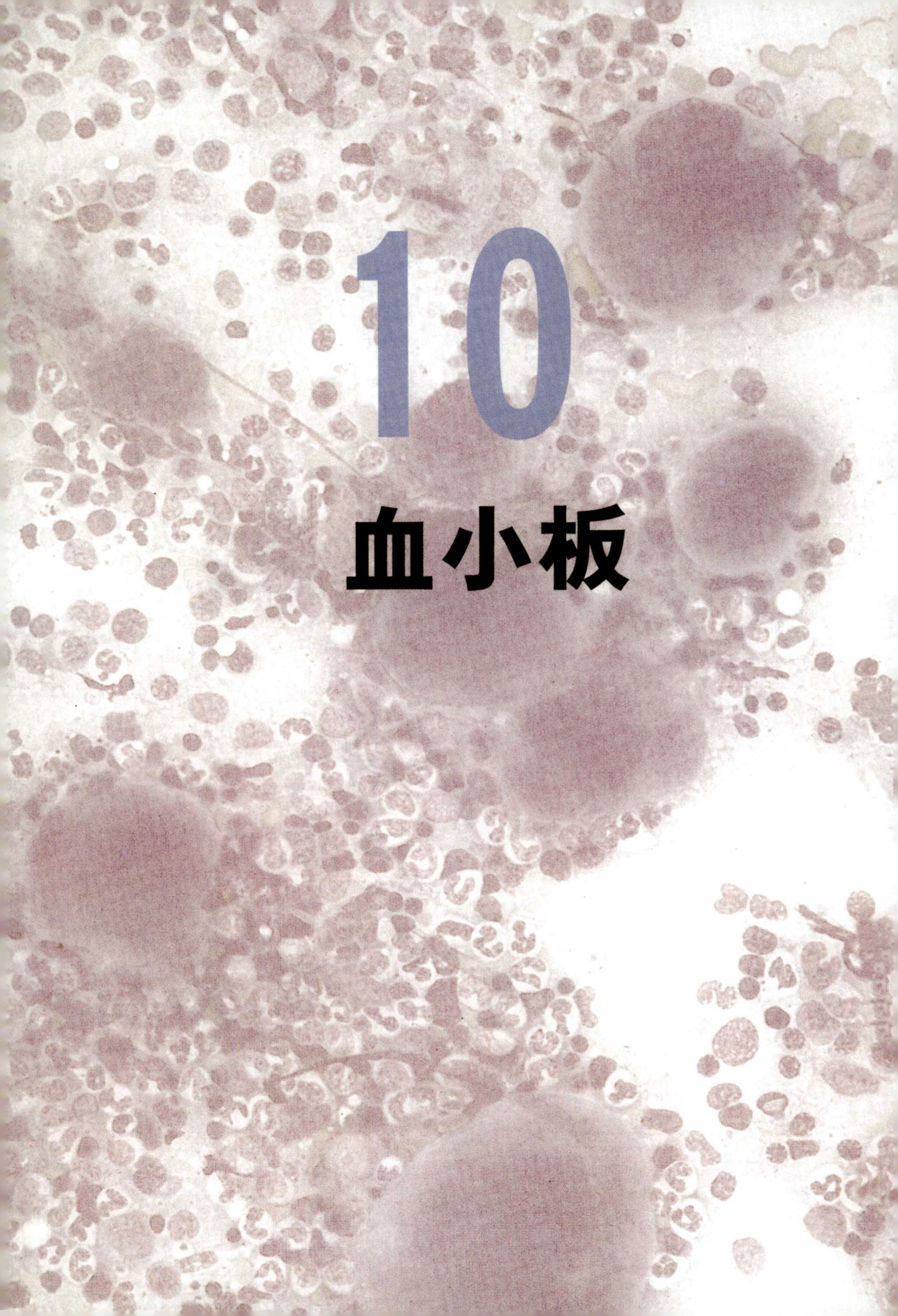

概述

功能与生理

- 血小板是机体正常凝血不可或缺的因素，它具有四种独特功能：
  - 通过封住较小的内皮缺损来维持血管的完整性。
  - 内皮收缩后，通过形成血小板栓来帮助阻止出血。
  - 参与膜脂的促凝血作用，以促进第二期凝血（凝集）和纤维蛋白形成。
  - 血小板衍生生长因子（PDGF）可促进血管愈合。
    - 可刺激内皮细胞移行和平滑肌生成。
- 血小板通过包括 PDGF 在内的生长因子来参与初期的伤口修复。
  - 快速的细胞交互作用以及可溶性介质释放，可刺激平滑肌细胞和成纤维细胞的有丝分裂。
- 血小板通过细胞交互作用以及释放可溶性介质，在炎症反应中发挥重要作用。
  - 血小板可释放血管活性物质，如 5-羟色胺，还能调节嗜中性粒细胞的功能。

生成

- 血小板来源于骨髓内的巨核细胞。
  - 由巨核细胞的细胞质分裂而形成。
  - 直接释放入骨髓造血系统周围的静脉血管内。
- 血小板生成素。
  - 调节来自造血干细胞的巨核细胞的发育。
  - 只参与巨核细胞的后期发育以及巨核细胞释放血小板的过程。
  - 其浓度与血小板数量呈负相关。
  - 血小板生成素的来源尚未确定，可能存在于肝脏、内皮细胞和成纤维细胞内。
- 犬 2/3～3/4 的血小板都存在于全身循环中。
  - 剩余的存在于脾脏池内。

- 脾脏池内的血小板与全身循环中的血小板可自由交换。
- ▶ 猫可能也存在这样一个脾脏池，但是尚未确定。

破坏

- ▶ 虽然血小板寿命是可变的，但是犬猫血小板在血管内的寿命一般为3～7天。
- ▶ 衰老的血小板被单核吞噬系统内的巨噬细胞吞噬。
  - 抗血小板抗体通过巨噬细胞加速血小板的破坏，从而导致免疫介导性血小板减少症（见下文）。

实验室检查血小板

全血检查是必不可少的。

- ▶ 首先必须确定血小板减少症是单独发生的，还是与贫血或白细胞减少症同时发生的。
  - 如果血小板减少症是单独发生的，那么重新计数血小板以确诊。
  - 通过外周血液血涂片来检查血小板的形态异常性、红细胞多染性、嗜中性粒细胞减少症、淋巴细胞减少症、球形红细胞症（猫不容易分辨）以及红细胞的其他形态变化或异常，或者一些无法识别的细胞。

网织血小板计数

- ▶ 网织血小板是含有大量核糖核酸未成熟的血小板。
- ▶ 网织血小板计数需要特殊的染色和仪器。
- ▶ 网织血小板数量可用于鉴别血小板破坏/消耗过多和生成减少。

颊黏膜出血时间（BMBT）

- ▶ 用于检测内皮功能与血小板功能完整性的试验。
- ▶ 该试验检测血小板功能要比检测内皮功能更敏感。
- ▶ 血小板计数＜75 000/μL 的患病动物不能进行该试验。

平均血小板容积（MPV）

- ▶ 用于评价血小板的大小；类似于红细胞大小与平均红细胞容积（MCV）。
  - 与血小板数量成反比。
- ▶ 犬的 MPV 为 6.1～10 fL。

- ▶ 猫的 MPV 为 12～18 fL。
- ▶ MPV 升高意味着反应性血小板生成。
  - 见于继发性血小板破坏、一些骨髓增生性疾病和甲状腺机能亢进。
  - 当用 EDTA 抗凝，温度降至室温或者冷藏，或与抗凝剂接触时间过长，没有及时检测时，会造成人为的 MPV 升高。
  - 采集的血液用柠檬酸抗凝并保存于 37℃待检，可减少 MPV 的变化。
- ▶ MPV 降低见于：
  - 犬免疫介导性血小板减少症早期。
  - 骨髓功能衰竭。

血小板分布宽度（PDW）

- ▶ 该值可由一些自动血细胞计数仪测得。
- ▶ 血小板大小的差异指数（与红细胞体积分布宽度——RDW 相似）。
- ▶ PDW 有助于分析血涂片中的血小板。
- ▶ 测定 PDW 直方图可以显示是否有异常大小的血小板（或大或小）存在（见“形态”部分）。

形态

正常形态：犬

形状：

- ▶ 盘状、椭圆形，稍微拉长的，两面稍凸或者是扁平的，边缘平滑（图 10-1）。

罗曼诺夫司基染色（瑞氏染色或者改良瑞氏染色）：

- ▶ 易碎的膜内的淡蓝色间质中央散布了大量嗜苯胺蓝性颗粒。
- ▶ 有些血小板不含颗粒或者只含有少量颗粒。

大小：

- ▶ 直径 2.2～3.7 μm，厚 0.5 μm（大约是红细胞大小的 1/10）。
- ▶ 幼稚血小板通常是巨型血小板（图 10-2）。

单个血小板是最常见的。也可以观察到血小板群。

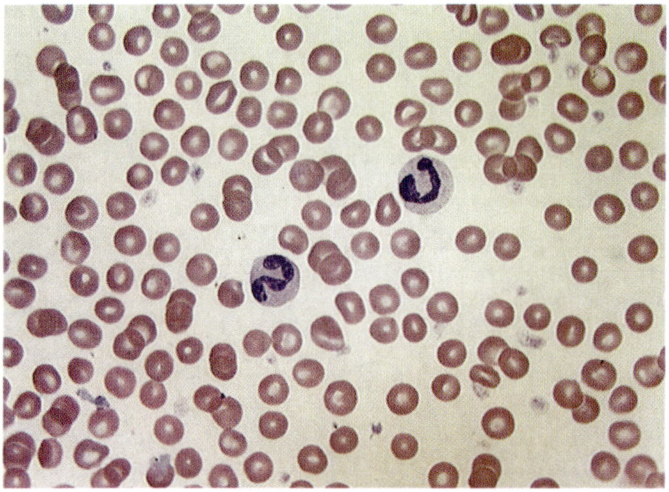

图 10-1

犬血小板。小圆形至椭圆形，淡蓝色的无核细胞，中间有一串紫色颗粒(50×)。

正常形态：猫

猫的血小板在形态上与其他家畜的血小板相似。

形状：

- ▶ 小球体(图 10-3)。
  - 有时会稍显拉长。
- ▶ 容易结成团，形成一些无定形的团块(图 10-4)。

罗曼诺夫司基染色：

- ▶ 淡蓝色的背景中央含有一串紫色的嗜苯胺蓝性颗粒，包含于易碎的膜。

大小：

- ▶ 大小不一。
- ▶ 巨型血小板可与红细胞大小一样，且常见于正常猫的血液。

异常形态：犬

活化的犬血小板外观呈蜘蛛状，表面还有一些小的细胞质伪足。

- ▶ 可以形成小团块或者聚集块(图 10-5)。通常在血涂片边缘可看到大量血小板团块(图 10-4)。

微血小板

- ▶ 当出现大量微血小板时，意味着免疫介导性疾病早期(免疫介导性血小板减少症)(图 10-6)。

图 10-2

犬血小板大小不等症。视野中央巨大的紫色血小板（箭头所指）是一个幼稚血小板。这偶尔见于正常犬的血涂片（50×）。

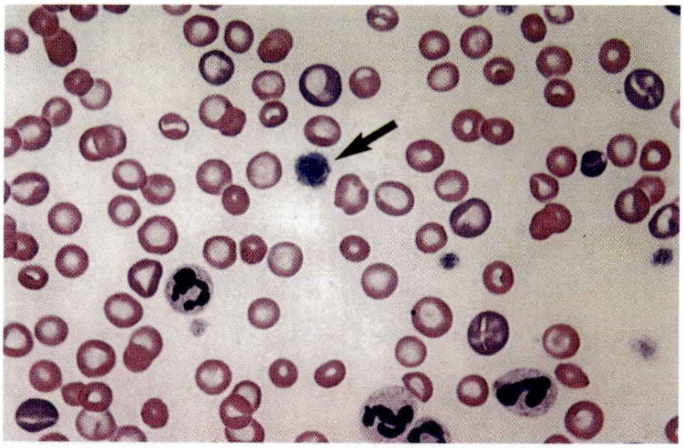

图 10-3

正常猫的血小板和红细胞。猫血涂片上的血小板通常大小不一（大小不等症）（50×）。

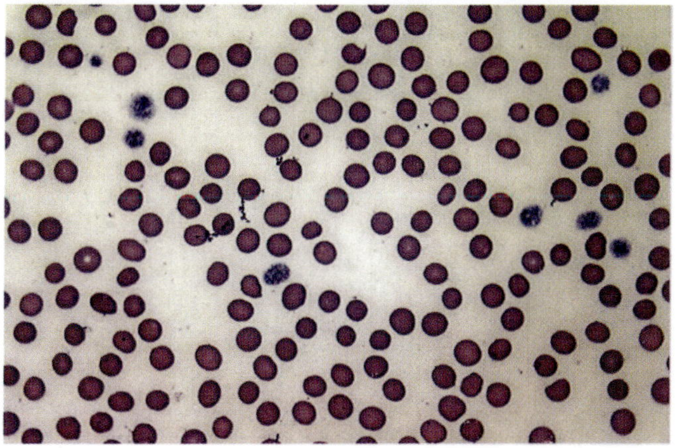

图 10-4

猫血小板的大聚集块（中央）。注意比较血小板团块与团块周围深色白细胞的大小。并注意观察红细胞团块。这是典型的猫血涂片边缘的血小板和红细胞形态。猫的血小板团块会影响血小板和白细胞的有效计数（10×）。

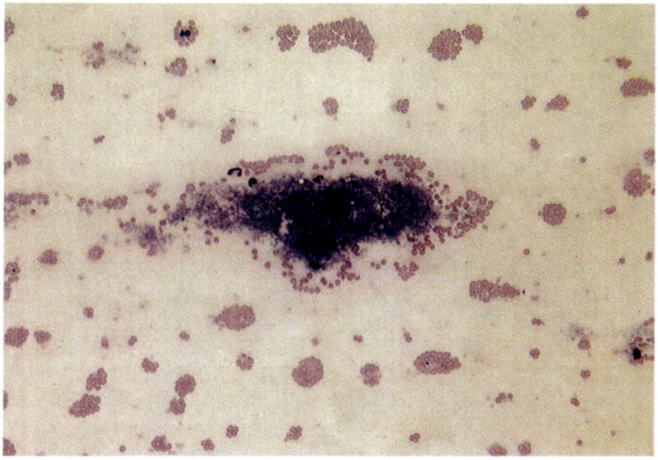

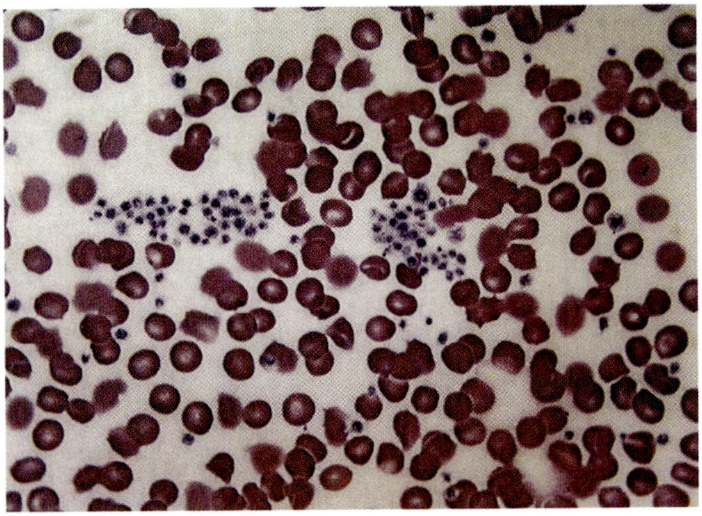

图 10-5

犬出现血小板聚集块（中央），通常表明体外抗凝不良（50×）。

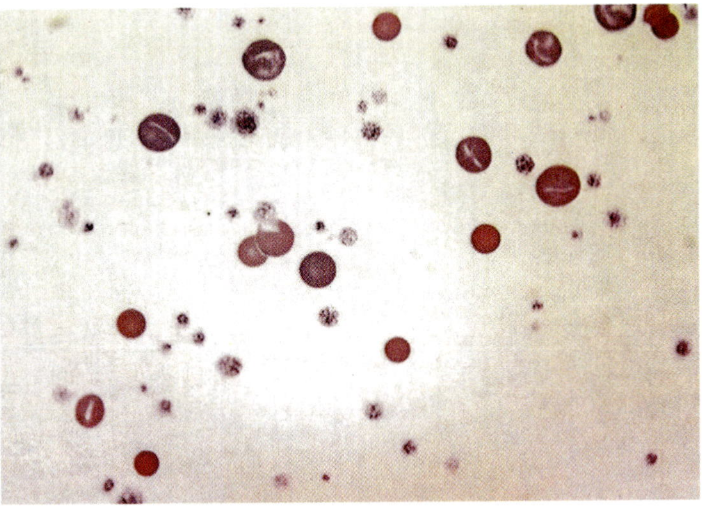

图 10-6

免疫介导性溶血性贫血病犬的血涂片。血小板数量增加且出现显著的血小板大小不等症。微小的血小板为微血小板，这些微血小板意味着血小板也具有免疫活性。大的蓝色红细胞是未成熟的红细胞（多染性红细胞）。没有明显中央灰白区域的小红细胞是球形红细胞（50×）。

血小板大小不等症和出现大量的巨型血小板表示骨髓释放幼稚血小板。

- ▶ 通常见于反应性血小板减少症(图 10-7、图 10-8 和图 10-9)。

出现拉长的、雪茄状的血小板时表示有局灶性或全身性出血。

- ▶ 有必要进行进一步的临床调查,如确定是否存在粪潜血或者尿潜血,或者通过检查体腔、黏膜和身体无毛的区域以寻找出血的证据。

出现颗粒较少的血小板或者只含有少量大颗粒的血小板,表明发育异常。

- ▶ 建议进行骨髓检查。

必须区分大的颗粒与可能的包涵体,如扁平埃利希体(*Ehrlichia platys*)(图 10-10)。

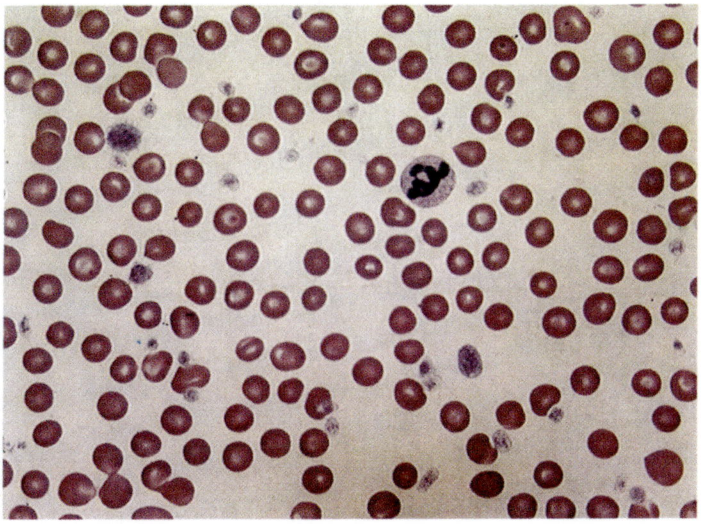

图 10-7

犬血涂片。血小板大小不等症非常明显。大的巨型血小板位于视野的左上 1/4。大椭圆形血小板位于视野的右下 1/4。这些结果都与血小板更新率增加和可能的微出血有关(50×)。

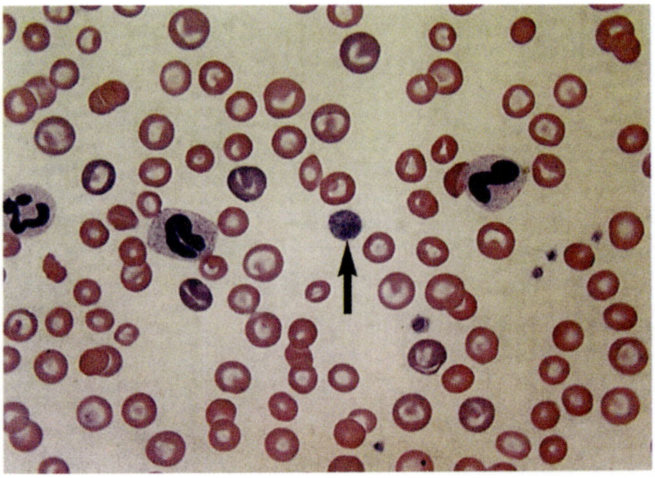

图 10-8

再生性贫血病犬的血涂片。不要将蓝色未成熟红细胞(多染性红细胞)与视野中央的含有蓝色颗粒的大血小板(箭头所指)相混淆。血小板数量减少,且出现大血小板(巨型血小板),意味着在该病中血小板的更新率增加(50×)。

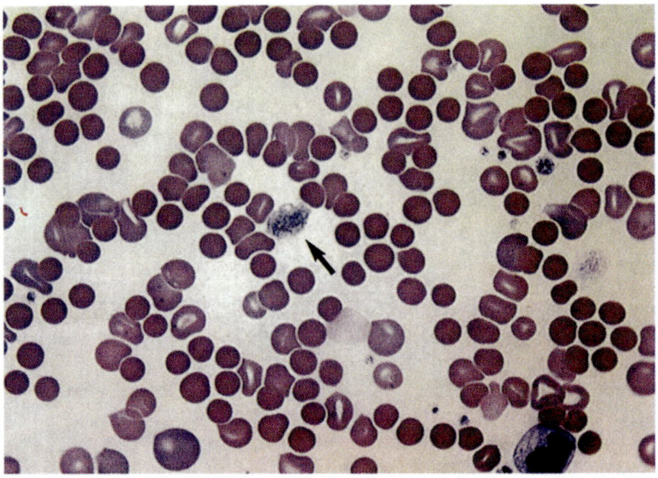

图 10-9

免疫介导性溶血性贫血和血小板减少症病犬的血涂片。血小板数量减少,且含有蓝色颗粒的大血小板(巨型血小板)(箭头所指)表明,在该血小板减少症病例中,血小板的更新率增加。整个视野中,深染的无中央灰白区域的小红细胞为球形红细胞(50×)。

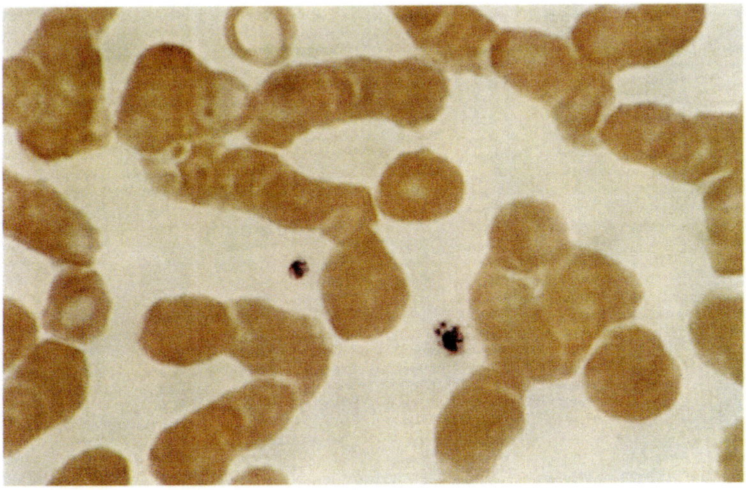

图 10-10

犬血涂片。位于视野中央下方的血小板含有扁平埃利希体的桑椹胚(100×)。

异常形态:猫

出现颗粒较少或只含有少量大颗粒的颗粒减少的血小板表明发育异常。

▶ 建议进行骨髓检查(图 10-11)。

拉长的血小板或者巨型血小板也可见于没有发生血小板减少症的猫。

数量

正常

对于犬猫,在 1 000×视野(油镜)下观察到 10～12 个血小板属正常计数。

正常犬全身的血小板循环量在 200 000～600 000/μL。

正常猫全身的血小板循环量在 300 000～800 000/μL。

▶ 兴奋可使猫正常形态血小板的数量突然增加。
▶ 血小板计数降低,可见于切除了脾脏的猫。血小板形态仍正常。

猫的血小板容易聚集。

▶ 这会导致错误的血小板计数降低。

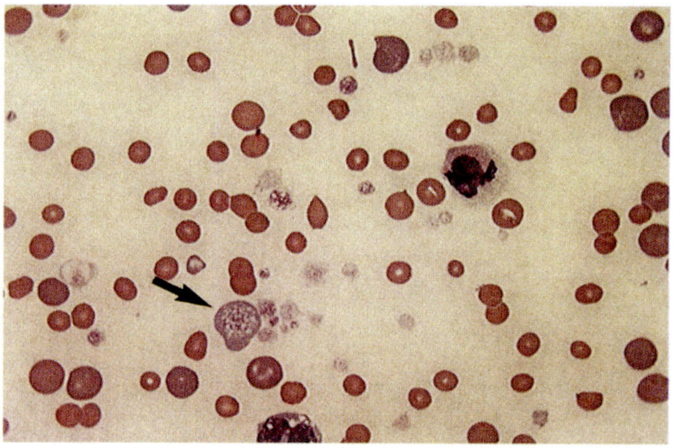

图 10-11

贫血猫的血涂片。蓝色的大红细胞(多染性红细胞)充满整个视野。极其严重的血小板大小不等症以及位于左下 1/4 处的形态异常的巨型血小板(箭头所指),说明存在发育缺陷,需要进行进一步的骨髓检查(50×)。

- 阻抗法细胞计数仪可能将血小板计数为白细胞,这样就会导致白细胞计数假性升高(第 3 章)。

血小板计数减少(血小板减少症)

临床症状

血小板减少症的临床特点是出现淤点。

淤点

- 反映了毛细血管或者毛细血管后小静脉出血。
- 通常发生于血管内压增加的部位:
  - 下腹部
  - 口腔或者生殖器黏膜
  - 腋窝或者腹股沟的摩擦部位

大量淤点聚集称为紫癜。

- 紫癜通常触诊不到(皮肤结构、厚度都正常)。
- 出现可触诊的紫癜表明存在潜在的全身性血管炎。

淤瘢或者淤血都与原发性凝血缺陷有关。

出血症状可见于任何患有血小板减少症的动物。

表 10-1　血小板减少症的病因

类型	引发疾病	原因
血小板生成缺陷	发育不全、再生不良、泛细胞减少症	细胞毒素类药物、先天性
	骨髓浸润、泛细胞减少症	药物、感染(包括病毒感染)
	无效的巨核细胞生成	骨髓发育不良综合征
血小板清除加快	免疫破坏	自体抗体、药物抗体、感染
	非免疫性清除	DIC(弥散性血管内凝血)、血管炎、严重出血、肿瘤、感染
血小板"扣押"	脾机能亢进	各种原因引起的脾脏肿大

▶ 血小板减少症发生的速度会影响到出现临床症状时的血小板数量。
  - 血小板急性破坏时,在较高的血小板计数时就可以出现出血倾向。

▶ 如果血小板还出现了功能障碍,那么血小板数量中度减少时就可出现临床症状。
  - 常见于立克次氏体病。

伴有并发症的血小板减少症患病动物,出血会更严重。

病因

引起血小板减少症的主要病因有四个(表 10-1)。

▶ 血小板生成异常

▶ 血小板清除加快

▶ 血小板分布异常

▶ 上述一些异常结合在一起

血小板生成异常(较少见)

事实上,通常伴有其他血细胞减少症,如贫血和/或嗜中性粒细胞减少症。

血小板生成缺陷包括:

▶ 单纯巨核细胞再生不良
  - 免疫性或者传染性病因

- 骨髓泛细胞性再生不良
  - 药物、传染性或者中毒性因素
- 血小板生成障碍(骨髓发育不良或者巨核细胞性白血病)
  - 需通过骨髓穿刺才能确诊,建议进行骨髓组织芯活检。
  - 可能需要在不同日期进行多次骨髓穿刺。

传染性因素包括:

- 埃利希体病
- 猫白血病病毒(FeLV)感染
- 猫免疫缺陷病毒(FIV)感染

据报道,疫苗接种可干扰血小板的生成。

- 犬:麻疹、犬瘟热、细小病毒疫苗
- 猫:猫泛白细胞减少症(猫瘟)疫苗

药物诱发的血小板生成抑制

- 通常也会影响其他细胞系的生成。
- 通常在用药后的第5天出现嗜中性粒细胞减少症,第8～10天出现血小板减少症。
- 由于红细胞寿命较长,因此,很少发生贫血。
- 常见药物包括:雌激素、磺胺嘧啶以及非类固醇类抗炎药。

血小板清除加快(常见)

血小板清除加快的原因包括:免疫介导性血小板减少症、同种异体免疫性血小板减少症以及继发性非免疫性血小板减少症(图10-8和图10-9)。

- 原发性和继发性免疫介导性血小板减少症都会发生。
- 原发性免疫介导性血小板减少症
  - 是犬最常见的一种疾病,且具有品种易感性。
    - 可卡犬
    - 英国牧羊犬
    - 德国牧羊犬
    - 贵妇犬
  - 与抗血小板抗体的出现有关,抗血小板抗体通过单核吞噬细胞系统加快血小板破坏。
  - 还可能与抗巨核细胞抗体有关,抗巨核细胞抗体可减少血小板的生成。

- 会出现各种不同的临床症状，包括黏膜、皮肤、生殖器、鼻或者胃肠道出血。
  - 许多严重的血小板减少症患病动物，可能不表现任何临床症状。
- 原发性免疫介导性血小板减少症的实验室检查结果包括：
  - 严重的血小板减少症，血小板数量通常少于 30 000/μL。
  - 小或者巨大血小板比例增加。
  - 如果抗体直接与循环血小板作用，那么骨髓内的巨核细胞过度增生；如果该病是骨髓源性的，那么巨核细胞数量会减少。
- 主要通过排除法来确诊该病。
  - 排除由于血小板聚集或者 EDTA 抗凝引起的假性血小板减少。
  - 脾脏肿大表明继发引起的。
  - 贫血表明并发其他疾病。
  - 用药、感染、最近的疫苗接种、肿瘤或者以前的输血都是必须考虑的因素。
- 特殊检验包括：
  - 使用血清学方法和聚合酶链反应（PCR）检测立克次氏体。
  - 全身免疫介导性疾病检验，如抗细胞核抗体、风湿因子、红斑狼疮细胞以及红细胞或者白细胞相关抗体检测。
  - 抗血小板抗体检测是非常有用的，但需要使用新鲜血小板以及专门仪器。
  - 巨核细胞直接免疫荧光分析是一种很好的检测方法，但是需要专门技术的专家以及风干的骨髓。

▶ 继发性免疫介导性血小板减少症

- 是犬最常见的一种血小板减少症，也是犬最常见的一种凝血机能障碍。
- 与以下疾病相关：
  - 全身性自体免疫疾病
    - ✓ 全身性红斑狼疮（SLE）
    - ✓ 免疫介导性溶血性贫血
    - ✓ 风湿性关节炎
    - ✓ 天疱疮
    - ✓ 秋田犬多发性关节炎

- 肿瘤
  - ✓ 多中心性或转移性
  - ✓ 血液性
- 传染病
  - ✓ 猫 FeLV、FIV 感染
  - ✓ 埃利希体病
  - ✓ 洛基山斑疹热
- 接种了犬瘟热减毒活疫苗(暂时性)
- 原虫感染,如利什曼病和巴贝西虫病
- 恶丝虫病
- 组织胞浆菌病
- 免疫复合物性血管炎

同种异体免疫性血小板减少症

▶ 见于对抗父源抗原的母源抗体经胎盘或初乳传给胎儿时,引起幼龄动物的血小板破坏。

▶ 犬猫尚未有相关报道。

▶ 据报道,犬在输入 DEA1 不相容红细胞或血浆后出现了输血后紫癜。
- 引起的血小板减少症可在几小时内消失。

继发性非免疫性血小板减少症

▶ 引起继发性非免疫性血小板减少症的病因包括:弥散性血管内凝血、血栓性血小板减少性紫癜(TTP)以及溶血性尿毒综合征。

▶ 弥散性血管内凝血(DIC)
- 继发于全身性炎症(急性、亚急性、慢性)
- 与血管损伤,败血症,败死组织或者肿瘤组织释放组织促凝血酶原激酶有关。

▶ 血栓性血小板减少性紫癜
- 严重的血小板减少症、伴有裂红细胞的血管内溶血以及神经系统症状。

▶ 溶血性尿毒综合征
- 严重的血小板减少症、伴有裂红细胞的血管内溶血和肾功能不全。

血小板分布异常

血小板分布异常与脾机能亢进和内毒素血症有关。

脾机能亢进

- 一种病理状态，大量的循环血小板被“扣押”于脾脏内。
- 通常出现一种或多种血细胞减少。
- 有时出现脾脏肿大。

内毒素血症可以引起脾脏蓄积血小板。

药物诱发的血小板减少症

血小板生成减少、血小板清除加快以及血小板“扣押”都可能与使用的各种药物有关。

这些药物包括：

- 抗生素
- 抗菌药
- 抗惊厥药
- 抗炎药
- 化疗药
- 抗病毒药
- 利尿药

药物诱发的血小板减少症，可能是骨髓介导的或者是外周介导的。

药物诱发的骨髓介导性血小板减少症

- 骨髓抑制：
  - 通常与直接毒害前体细胞有关。
- 免疫介导性药物诱发的巨核细胞破坏在犬中已有相关报道。

药物诱发的外周介导性血小板减少症

- 可能是免疫介导性的，也可能是非免疫性的。
- 免疫介导性的药物诱发的血小板减少症
  - 有些药物可以引起针对幼稚血小板的免疫反应，如甲基多巴、左旋多巴以及金。

- 有些药物可激发抗体形成，这些抗体对抗药物-血小板抗原复合物，如肝素和奎宁。
- 还有些药物在长期治疗或者再次使用时，可引起免疫介导性血小板减少症。
  - 再次使用可导致抗体形成。
  - 药物被吸收或者吸附于血小板表面。
  - 由于免疫活性血小板被破坏。

血小板计数增多（血小板增多症）

病理机制

有三种类型的血小板增多症：

- ▶ 原发性血小板增多症（原发性骨髓疾病）
- ▶ 继发于某些疾病的血小板增多症
- ▶ 生理性血小板增多症

原发性血小板增多症

- ▶ 这是一种罕见的骨髓增生性疾病。
- ▶ 以持续性的原发性血小板增多为特点。
- ▶ 同义词：
  - 先天性血小板增多症
  - 原发性出血性血小板增多症
  - 血小板机能不全
- ▶ 与出血或者血栓有关。
- ▶ 报道见于中老年犬以及一只猫。
  - 在血小板聚集以及黏附研究中，血小板通常表现为功能紊乱。
  - MPV 值通常处于参考值范围内。
- ▶ 犬会同时出现非再生性贫血和再生性贫血，偶尔还会出现颗粒较少的巨型血小板、嗜碱性粒细胞增多以及假性高钾血症。

继发性（反应性）血小板增多症

- ▶ 除了骨髓增生性疾病外，患病动物常以暂时性血小板计数升高为特征（图 10-12）。
  - 肿瘤
    - 淋巴瘤、血液肿瘤、黑色素瘤、肥大细胞瘤、腺瘤、间皮瘤、中枢神经系统肿瘤

- 胃肠道疾病
  - 胰腺炎、肝炎、炎性肠病(IBD)、结肠炎
- 免疫介导性疾病
- 失血/出血
  - 缺铁、外伤以及手术性创伤
- 骨折
- 药物治疗
  - 糖皮质激素和抗肿瘤药
- 脾切除术后犬

生理性血小板增多症

► 脾脏池和非脾脏(可能是肺部)池内的血小板动员增加引起的。

► 运动或者注射肾上腺素引起的暂时性血小板增多症。

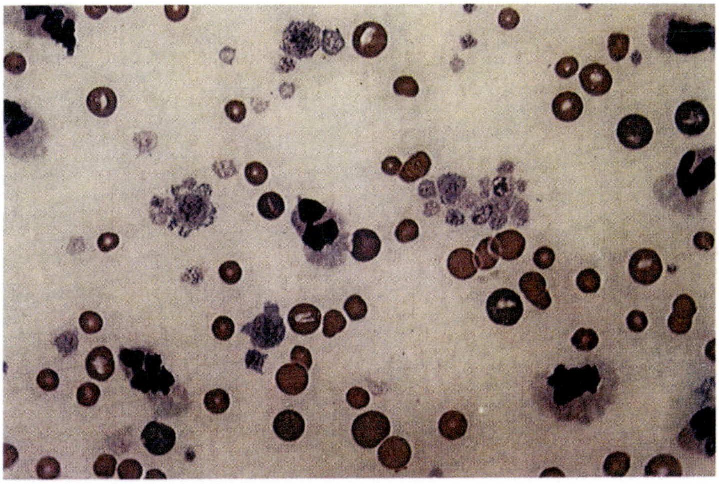

图 10-12

猫血涂片,表现为血小板增多症和反应性贫血。图片右边中央有血小板团块。在视野的左侧从上到下有三个形态异常的巨型血小板,这表明血小板发育异常且需要骨髓检查(50×)。

血小板功能异常
（血小板病或血小板紊乱）

虽然血小板计数>100 000/μL，但仍出现出血且颊黏膜出血时间延长，应怀疑为该病（表 10-2）。

临床症状：

- 黏膜表面出血
- 黑粪症
- 血尿
- 鼻衄
- 皮肤淤血
- 静脉穿刺、外伤或者手术部位出血时间延长或者出血过多
- 由于血小板功能障碍出现的全身性出血性疾病的特征
  - 多个部位出血
  - 多处淤瘢
  - 有出血史
  - 持续性出血或者反复出血
  - 出血量比预期的多
  - 没有明显的外伤史
  - 血小板计数处于参考值范围内
  - 活化部分凝血酶原时间（APTT）、凝血酶原时间（PT）以及纤维蛋白原浓度正常。
  - DIC 检验呈阴性

颊黏膜出血时间（BMBT）

- “出血时间测定仪”，一种切纸机样的仪器，可用于切开一定长度和深度的标准切口。
- 出血时间检测的首选。
- 可直接用于未镇静或麻醉的患病动物。
  - 用一纱布绷带把上唇翻出，暴露颊黏膜。
- 切口渗出血液时，使用纸巾吸收血液。
  - 不要接触到切口。
  - 从开始切口到出血停止的时间称作 BMBT。
  - 犬猫的参考值为：1.8～4.2 min。
  - 大多数患病动物的 BMBT 都接近于该参考值的下限。

表 10-2 血小板功能异常(血小板病)分类

类型	特征	原因
获得性	血小板生成异常	骨髓增生性疾病、骨髓再生不良
	正常血小板的功能紊乱	全身性疾病(尿毒症性肝病、DIC、骨髓瘤)、非类固醇类抗炎药、右旋糖酐、胶体
先天性	血浆因子缺乏	血管假性血友病因子缺乏或者异常
	膜异常	血小板机能不全
	血小板颗粒异常	血小板颗粒缺乏或者没有

血小板功能紊乱(血小板病)的病因

血小板功能紊乱可能是获得性的,也可能是遗传性的。

获得性血小板功能紊乱

▶ 可表现为血小板功能减退(低反应性)或者血小板功能增强(高反应性)。

伴有出血倾向的获得性血小板功能减退

▶ 病因包括:
- 尿毒症
- 异常蛋白血症
- 传染原
  - 犬埃利希体
  - 猫白血病病毒
- 蛇毒
- 肝脏疾病
- 肿瘤
  - 特别是白血病或骨髓增生性疾病
- 药物(表 10-3)。
  - 抗炎药,包括阿司匹林、布洛芬、对乙酰氨基酚、氟尼辛葡甲胺保泰松
  - 抗生素,包括青霉素、头孢菌素
  - 钙离子通道阻断剂——地尔硫䓬、硝苯地平、戊脉安/异搏定
  - 右旋糖酐
  - 胶体

获得性血小板功能增强或血栓前状态

- 病因包括：
  - 糖尿病
  - 肾上腺皮质机能亢进——库欣氏综合征
  - 肾病综合征
  - 激素治疗(使用促红细胞生成素治疗，或者患有严重的再生性贫血的患病动物可能具有高反应性的血小板)。
  - 肿瘤(肉瘤和癌症都会增加血小板活性)。
  - 传染病
    - 猫的传染性腹膜炎
    - 心丝虫病

遗传性血小板功能紊乱

据记载，有许多品种的犬猫具有遗传性血小板功能障碍性疾病。

血管假性血友病(vWd)

- 最常见的犬遗传性出血性疾病。
- 根据临床症状的严重程度、遗传的模式以及血管假性血友病因子(vWf)引起的生化异常，可分为三种类型。
  - 1 型 vWd 见于多种犬和猫，是一种轻度的出血性疾病。
  - 2 型 vWd 见于德国短毛和刚毛波音达，是一种中等程度的出血性疾病。
  - 3 型 vWd 见于苏格兰㹴、切萨皮克湾寻猎犬和设得兰牧羊犬，是一种中等程度的出血性疾病。血管假性血友病因子通常为 0%。
- vWd 的病征特点为缺乏功能性血管假性血友病因子。
  - 导致原发性凝血异常。
- 临床症状
  - 黏膜出血、皮肤淤伤、伤口或者术部出血时间延长。
  - 轻微(常见)至严重(相对少见)出血。
  - 并发血小板减少症、损伤血小板功能的疾病以及使用非类固醇类抗炎药，可加剧出血。

表 10-3 影响血小板功能的药物

麻醉药
全身——氟烷
局部——普鲁卡因
抗生素
头孢菌素——头孢唑林
青霉素——氨苄青霉素
抗凝剂——肝素
抗组胺药——扑尔敏
心血管药——心得安、戊脉安/异搏定
食物及食物添加剂——乙醇、洋葱
非类固醇类抗炎药——阿司匹林、保泰松
抗肿瘤药——柔红霉素
血浆扩容剂——羟基淀粉、右旋糖酐
其他——氯丙嗪

▶ 许多纯种犬容易患此病。也有杂交犬罹患此病。

▶ 诊断:血小板计数、活化部分凝血酶原时间(APTT)、凝血酶原时间(PT)正常,但是颊黏膜出血时间(BMBT)延长。

- 需通过测定血浆内血管假性血友病因子(vWf)来确诊。
  - 犬猫的 vWf 在抗原与功能上不同于人的 vWf。
  - 每个实验室应为每个品种提供一个参考范围。数值小于 50%时,认为 vWf 缺乏。
  - 利用结构分析区分 vWd 的类型。

犬血小板机能不全性血小板紊乱

▶ 该病是大白熊犬和猎水獭犬(Otterhounds)的一种遗传性常染色体疾病。

▶ 临床出血可见于黏膜表面,创伤和应激可加剧出血。

▶ 出血时间可能与疫苗接种、甲状腺机能减退或者发情有关。

巴吉度猎犬血小板紊乱

▶ 遗传性常染色体疾病

▶ 通常与 vWd 混淆

▶ BMBT 延长

- 出血常见于黏膜表面或者皮肤表面。
- 类似疾病也见于美国猎狐犬和猫。

美国狐狸犬(Spitz)血小板紊乱

- 犬血小板机能不全性血小板功能紊乱的变异。
- 慢性鼻衄、齿龈出血以及胃肠道出血。

可卡犬出血性疾病

- 与中等程度的出血以及血小板聚集异常有关的δ-贮存池病。
- 可卡犬还有其他许多遗传性凝血功能紊乱,包括因子Ⅱ(凝血酶原)和因子X的缺乏。
- 出血明显,且APTT、PT显著延长。

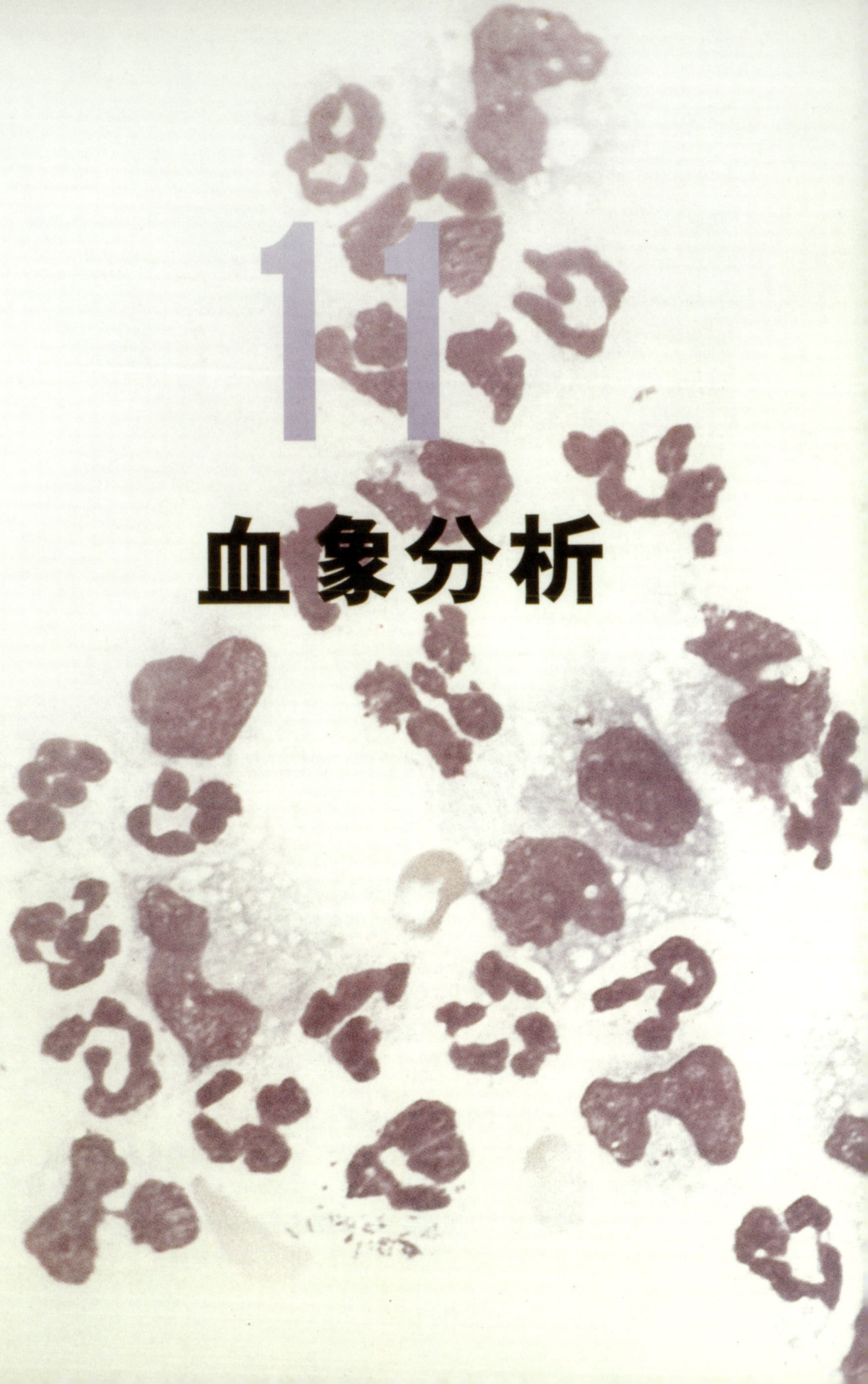

11

血象分析

引言

血象包括定量检测结果(血细胞总数、分类计数、红细胞指数等)和定性检测结果(血涂片形态学检查)。综合这两项结果才能对血象作出正确分析。

正确分析血象还取决于采用的方法。对于血液的定量和定性检测结果,我们建议先评价白细胞,然后评价红细胞,最后评价血小板。

可通过一系列设计良好的问题的问答形式,来分析所有的细胞成分。

白细胞(表 11-1)

概述

- ▶ 定量检测包括白细胞计数和分类计数。
- ▶ 定性检测是指白细胞形态学检查。
- ▶ 主要问题包括:
  - 是否存在炎症?
  - 是否存在应激?
  - 是否存在组织坏死?
  - 是否存在全身性过敏反应?
  - 如果存在炎症反应,那么是急性、慢性还是重度的?
  - 是否存在全身性毒血症?

是否存在炎症?

- ▶ 单独或者同时出现持续性嗜酸性粒细胞增多症、单核细胞增多症以及嗜中性粒细胞核左移(未成熟嗜中性粒细胞数量增多),则表明存在炎症。
- ▶ 白细胞总数只反映骨髓生成与组织利用之间的平衡;在炎症反应中,白细胞总数可能降低、正常或者升高。
- ▶ 绝对嗜中性粒细胞增多,超过 25 000/μL 时,也表明存在炎症。

是否存在应激(高水平的循环糖皮质激素)?

- ▶ 应激通常会导致轻微的淋巴细胞减少症(淋巴细胞计数在 750～1 500/μL)。
- ▶ 还可能出现嗜酸性粒细胞减少症、轻度嗜中性粒细胞增多症以及轻微的单核细胞增多症,但不是都会出现,也没有特异性。

表 11-1　白细胞反应的一般模式

	WBC	分叶嗜中性粒细胞	杆状嗜中性粒细胞	淋巴细胞	单核细胞	嗜酸性粒细胞
急性炎症	增多	增多	增多	减少或无变化	不定	不定
慢性炎症	增多或无变化	增多或无变化	增多或无变化	增多或无变化	增多	不定
重度炎症	减少或无变化	减少或无变化	增多	减少或无变化	不定	不定
兴奋性白细胞增多	增多	犬增多；猫增多或无变化	无变化	犬无变化；猫增多	无变化	无变化
应激性白细胞象	增多	增多	无变化	减少	增多或无变化	减少或无变化

是否存在组织坏死?

- ▶ 单核细胞增多症,表明存在组织坏死以及对吞噬作用的需求。单核细胞增多症可发生于急性、慢性炎症或者坏死。

是否存在全身性超敏反应?

- ▶ 持续性嗜酸性粒细胞增多症和/或嗜碱性粒细胞增多症,表明存在全身性过敏反应。
- ▶ 病因包括:
  - 全身某个部位的寄生虫性疾病,如心丝虫病、跳蚤叮咬引起的皮炎
  - 犬过敏性气管支气管炎(肺部呈现嗜酸性粒细胞浸润)
  - 猫哮喘
  - 过敏性胃肠炎
  - 全身性肥大细胞增多症
  - 猫弥散性嗜酸性肉芽肿综合征
  - 只寄生于肠道的寄生虫疾病(如鞭虫)不会引起嗜酸性粒细胞增多症!!

炎症反应是急性、慢性还是重度的?

- ▶ 在大多数病例中,炎性白细胞象通常不能进行进一步的分类。
- ▶ 在有些病例中,可通过典型细胞分类计数来区分急性、慢性和重度炎症。
- ▶ 这些典型特征反映了白细胞动力学的变化,或者骨髓生成白细胞与组织利用白细胞之间的平衡状况。这些变化受趋化因子和细胞因子的影响。
- ▶ 典型急性炎性白细胞象的特征是,出现伴有杆状嗜中性粒细胞增多的嗜中性粒细胞增多症、淋巴细胞减少症以及不同程度的单核细胞增多症。
  - 嗜中性粒细胞增多症,反映了犬猫骨髓内存在巨大的贮存池,且从骨髓进入血液的嗜中性粒细胞数量要多于由血液进入组织的量。
  - 核左移表明骨髓嗜中性粒细胞贮存池耗竭,且随之释放一些幼稚细胞进入循环。
  - 淋巴细胞减少症反映存在应激,应激是急性炎症过程中一个常见的并发症。
  - 存在单核细胞增多症时,反映了机体对吞噬作用的需求/组织坏死。

▶ 慢性炎症具有两个典型模式

- 显著的白细胞增多症(50 000～120 000/μL),伴随显著的嗜中性粒细胞增多以及核左移、中毒性嗜中性粒细胞以及单核细胞增多症。
  - 最常见于严重的局部化脓灶。
  - 通常伴发炎性贫血和高球蛋白血症。
- 白细胞计数正常到轻微升高,特征为嗜中性粒细胞计数正常到轻微升高、无核左移、淋巴细胞计数正常以及单核细胞增多。
  - 嗜中性粒细胞计数正常至轻微升高,反映了骨髓生成与组织需求之间达到了新的平衡。该平衡是由于骨髓对组织损伤部位释放的细胞因子(生长因子)产生应答反应,导致嗜中性粒细胞生成增加而引起的。
  - 缺乏核左移表明骨髓生成的嗜中性粒细胞已经满足了组织增加的需求。
  - 淋巴细胞计数正常反映了应激和抗原刺激对淋巴细胞数量的影响达到了平衡。
  - 单核细胞增多症反映了机体对吞噬作用的需求/组织坏死。

▶ 典型重度炎症反应的特点是嗜中性粒细胞数量减少、核左移、淋巴细胞减少症以及不定的单核细胞增多症。

- 嗜中性粒细胞数量减少表明骨髓生成跟不上组织需求。
- 核左移表明骨髓嗜中性粒细胞贮存池的耗竭。
- 淋巴细胞减少症反映了应激的存在。
- 存在单核细胞增多症时,表明存在组织坏死/机体对吞噬作用的需求。

是否存在全身性毒血症?

▶ 血涂片上出现中毒性嗜中性粒细胞表明存在全身性毒血症(见嗜中性粒细胞形态)。

- 全身性毒血症通常与细菌感染有关。
- 然而,还应考虑到其他原因,如大面积的组织坏死。

红细胞

概述

- ▶ 定量检测包括红细胞计数、血红蛋白、红细胞压积、红细胞指数(MCV、MCHC)以及总蛋白。
  - 红细胞计数、血红蛋白以及红细胞压积都是红细胞检测参数。
  - 总蛋白可反映机体的脱水状态。

引起总蛋白升高最常见的原因是脱水,脱水还可引起红细胞指征的假性升高。

- ▶ 定性检测就是通过血涂片观察红细胞形态。
- ▶ 主要问题包括:
  - 红细胞总数增加了(红细胞增多症)、减少了(贫血),还是正常的?
  - 如果减少了,那么贫血是再生性的还是非再生性的?
  - 如果是再生性贫血,那么是失血性的还是溶血性的?
  - 如果是非再生性的,那么不进行骨髓检查能确定其贫血机理吗?
  - 如果红细胞总数增加了,那么红细胞增多症是相对的还是绝对的?
  - 如果是绝对红细胞增多症,那么是原发性的还是继发性的?

红细胞总数增加了、减少了,还是正常的?

- ▶ 根据红细胞指征判断。

如果减少了,那么贫血是再生性的还是非再生性的(图 11-1)?

- ▶ 识别再生性贫血时,观察血涂片是非常关键的第一步。血涂片上多染性红细胞增多就表明存在红细胞再生。
- ▶ 可通过网织红细胞绝对计数来确定再生性。犬猫网织红细胞绝对计数超过 80 000/μL 时,表明存在再生性。

如果是再生性贫血,那么是失血性的还是溶血性的?

- ▶ 病史、症状以及临床检查是鉴别诊断的关键。大多数失血性贫血可通过该方法识别。
- ▶ 高血红蛋白血症以及血红蛋白尿表明溶血。
- ▶ 极高的网织红细胞计数(>200 000/μL)是溶血的高度提示。
- ▶ 如果疑似溶血,那么应仔细观察红细胞形态变化,查看是否存在某些溶血性疾病特有的异常红细胞。本书其他章节有相关内容的详细阐述(见第 4 章),包括:

- 球形红细胞
- 海因茨小体
- 裂红细胞
- 病原(血巴尔通体、巴贝西虫)
- 影细胞
- 偏心红细胞

如果是非再生性的,那么不进行骨髓检查能确定其贫血机理吗?

▶ 炎性疾病引起的贫血是犬猫最常见的贫血,且可通过血象推测诊断。其特点包括:
  - 轻度到中度的正细胞正色素性贫血
  - 炎性白细胞象

▶ 铁缺乏可引起小红细胞性低色素性非再生性贫血,可通过血象以及血涂片推测诊断。

▶ 巨幼红细胞性贫血(核成熟缺陷性贫血)在循环中偶尔出现巨幼红细胞。巨幼红细胞(见第 4 章)也可见于血涂片。需经骨髓检查确诊。

▶ 骨髓纤维变性引起的非再生性贫血具有以下特征:
  - 异形红细胞症,伴有泪细胞和卵形红细胞。
    · 白细胞减少症。
  - 血小板反应不定。需经骨髓组织病理学检查确诊。

▶ 以血涂片上出现大量有核红细胞(>10/100 WBC)而缺乏多染性红细胞为特征的非再生性贫血,表明骨髓基质受损。原因可能是:
  - 犬的铅中毒
  - 猫的 FeLV 感染

▶ 其他所有非再生性贫血都没有特异性的血象检验结果,只能通过进一步的骨髓检查来确诊。

如果红细胞总数增加了,那么红细胞增多症是相对的还是绝对的?

▶ 相对红细胞增多症(脱水引起的)是最常见的一种形式。特征如下:

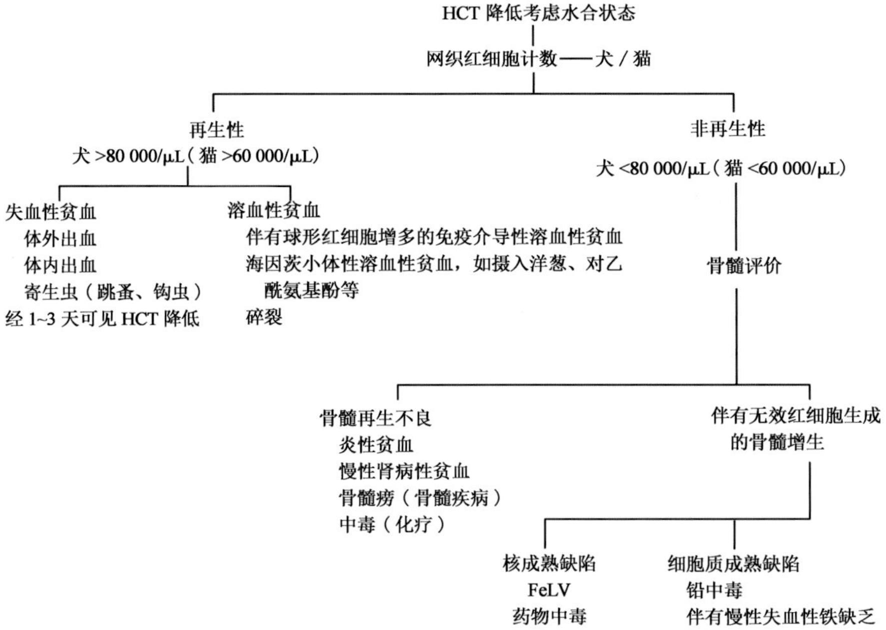

图 11-1

贫血评价的方法。

- 红细胞总数增加。
- 总蛋白增加。
- 血清生化出现脱水特征。

▶ 一旦排除相对红细胞增多症后，那么剩下的就是绝对红细胞增多症。

如果是绝对红细胞增多症，那么是原发性的还是继发性的？

▶ 其他很多疾病可导致继发性绝对红细胞增多症，包括：
- 心血管疾病
- 肺脏疾病
- 肾病
- 肾肿瘤（原发性或者转移性）
- 库欣氏综合征

▶ 如果缺乏潜在病因，那么就应该是原发性的红细胞增多症（由骨髓增生性疾病导致的真性红细胞增多症）。真性红细胞增多症的特点有：
- 组织氧饱和度正常（动脉血气正常）。
- 促红细胞生成素水平正常。

血小板

概述

- 血小板的定量检测就是测定血小板的数量。
- 血小板的定性检测是指血小板的形态学检查。
- 主要问题包括：
  - 如果存在血小板计数增多(血小板增多症)，那么是反应性的还是原发性的？
  - 如果存在血小板计数减少(血小板减少症)，那么能确定其发病机理吗？
  - 如果血小板计数正常，但存在明显的出血，那么这是由血小板功能不全(血小板病)引起的吗？
  - 血小板形态是否发生异常？

如果存在血小板增多症，那么是反应性的还是原发性的？

- 反应性血小板增多症可继发于：
  - 脾切除术
  - 兴奋
  - 运动
  - 骨折
  - 高水平的循环糖皮质激素
  - 失血后(24 h 后，或更长时间后)
  - 骨髓纤维变性
  - 缺铁性贫血
- 原发性血小板增多症是血小板性白血病的一个特点，或者是由其他骨髓增生性疾病引起的。

如果存在血小板减少症，那么能确定其发病机理吗？

- 消耗性血小板减少症，通常与炎症、DIC 和传染性疾病(如埃利希体病)以及其他蜱媒性疾病有关。其特点包括：
  - 炎性白细胞象。
  - 轻度到中度的血小板减少症(血小板计数通常大于 50 000/μL)。
  - 裂红细胞(犬)。
  - 正常数量的骨髓前体。
- “扣押性”血小板减少症通常与肝脾肿大有关。
- 再生不良性血小板减少症通常与骨髓前体减少有关。

- ▶ 破坏性血小板减少症是免疫介导性的。它可以单独发生，也可以并发于免疫介导性溶血性贫血。常见特点包括：
  - 显著的血小板减少症（<50 000/μL）。
  - 骨髓前体数量正常至增加。

如果血小板计数正常，但存在明显的出血，那么这是由血小板病引起的吗？

- ▶ 首先排除其他出血原因
  - 外伤
  - 凝血缺陷（活化部分凝血酶原时间即 APTT 和凝血酶原时间即 PT 都正常）
  - DIC——纤维蛋白原和纤维蛋白降解产物也都处于正常值范围内
- ▶ 测定颊黏膜出血时间（BMBT）
  - 如果 BMBT 延长，那么可能是由血小板病引起的。

血小板形态是否发生异常？

- ▶ 出现大量小的血小板（微血小板），表明可能是免疫介导性血小板减少症的早期阶段。
- ▶ 以巨型血小板数量大量增加为特征的血小板大小不等症，表明骨髓生成血小板增加。通常见于反应性血小板减少症和再生性贫血。
- ▶ 含有少量大颗粒的颗粒减少的血小板，表明血小板发育异常。需做骨髓检验。
- ▶ 检查血小板内的巨大颗粒，确定是否是一些潜在的包涵体，如扁平埃利希体。

12

病例分析

病例 1　8 月龄未去势家养短毛(DSH)公猫

病史　主人带该猫来诊所做去势和断趾手术。

临床检查　体温、脉搏和呼吸(TPR)正常。该猫暴躁、流涎。

实验室检查结果

	病猫	参考值		病猫	参考值
红细胞压积(PCV)%	35	30～40	白细胞计数(WBC)/μL	26 500	5 500～19 500
血红蛋白(Hgb) g/dL	11.6	8.5～15	嗜中性粒细胞	13 250	2 500～12 500
红细胞计数(RBC)×10^6/μL	7.6	5.2～10	杆状嗜中性粒细胞	—	0～300
平均红细胞容积(MCV) fL	46	39～55	淋巴细胞	12 455	1 500～7 000
平均红细胞血红蛋白含量(MCH) pg	15	13～17	单核细胞	795	0～850
平均红细胞血红蛋白浓度(MCHC) g/dL	33	30～36	嗜酸性粒细胞	—	0～750
TPP g/dL	7.1	6.0～7.5			
血小板	ADQ				

讨论和解释

全血细胞计数(CBC)显示：淋巴细胞明显增多，并伴有轻微的成熟嗜中性粒细胞增多症。淋巴细胞增多的原因包括：慢性感染或炎症、淋巴细胞性白血病以及生理性因素。血涂片检查显示：存在大量小淋巴细胞。未见淋巴母细胞或异型淋巴细胞。FeLV 和 FIV 检测呈阴性。

这是青年健康猫由于恐惧引起的生理性淋巴细胞增多症和嗜中性粒细胞增多症的一个例子。肾上腺素释放引起嗜中性粒细胞去边缘化和淋巴细胞增多，这两种变化都是暂时性的，1～2 h 内就可恢复正常。

病例 2　6 岁已去势雄性腊肠犬

病史　背部疼痛并伴有后躯麻痹，已持续 2 天。

临床检查　T13-L1 椎间盘突出。

实验室检查结果

	病犬	参考值		病犬	参考值
红细胞压积(PCV)%	40	37～55	白细胞计数(WBC)/μL	28 000	6 000～17 000
血红蛋白(Hgb)g/dL	13.3	12～18	嗜中性粒细胞	25 200	3 000～11 400
红细胞计数(RBC)×10^6/μL	6.0	5.5～8.5	杆状嗜中性粒细胞	—	0～300
平均红细胞容积(MCV)fL	66	60～77	淋巴细胞	840	1 000～4 800
平均红细胞血红蛋白含量(MCH) pg	22	19～24	单核细胞	1 960	150～1 350
平均红细胞血红蛋白浓度(MCHC) g/dL	33	32～36	嗜酸性粒细胞	—	100～750
TPP g/dL	7.5	6.0～7.5			
血小板	ADQ				

讨论和解释

白细胞象显示：淋巴细胞减少症、嗜酸性粒细胞减少症，无核左移的嗜中性粒细胞增多症和单核细胞增多症引起的白细胞增多症。这些现象表明了糖皮质激素治疗对机体的影响。该犬在全血细胞计数前按 3 mg/kg 给予地塞米松 2 天。糖皮质激素通过增加骨髓贮存池成熟嗜中性粒细胞的释放，增加边缘池(MNP)嗜中性粒细胞向循环池(CNP)转移，以及减少嗜中性粒细胞向组织内转移，从而导致成熟嗜中性粒细胞增多症。停止糖皮质激素治疗后几天内，白细胞变化可恢复正常。区分这种白细胞的变化与炎症引起的反应是非常重要的。

这种白细胞变化还可见于典型的肾上腺皮质机能亢进病例。

病例 3　15 岁已去势雄性可卡犬

病史　呕吐 5 天。

临床检查　该犬肥胖、精神沉郁且严重脱水。

实验室检查结果

	病犬	参考值
红细胞压积(PCV)%	42	37～55
血红蛋白(Hgb) g/dL	14.0	12～18
红细胞计数(RBC)×10^6/μL	6.2	5.5～8.5
平均红细胞容积(MCV)fL	67	60～77
平均红细胞血红蛋白含量(MCH) pg	22	19～24
平均红细胞血红蛋白浓度(MCHC) g/dL	34	32～36
TPP g/dL	9.0	6.0～7.5
血小板	ADQ	
中毒性嗜中性粒细胞	3+	

	病犬	参考值
白细胞计数(WBC)/μL	22 400	6 000～17 000
嗜中性粒细胞	13 884	3 000～11 400
杆状嗜中性粒细胞	2 240	0～300
淋巴细胞	1 568	1 000～4 800
单核细胞	4 256	150～1 350
嗜酸性粒细胞	224	100～750

讨论和解释

呕吐表明高蛋白血症是由脱水引起的。伴随核左移的嗜中性粒细胞增多(图 C3-1)和单核细胞增多引起白细胞增多症。循环嗜中性粒细胞中毒变化明显。白细胞象表明存在急性炎症,伴有组织坏死。腹腔穿刺可见败血性、嗜中性粒细胞渗出物(图 C3-2),血清淀粉酶和脂肪酶活性升高。临床诊断为伴有败血性腹膜炎的坏死性胰腺炎。

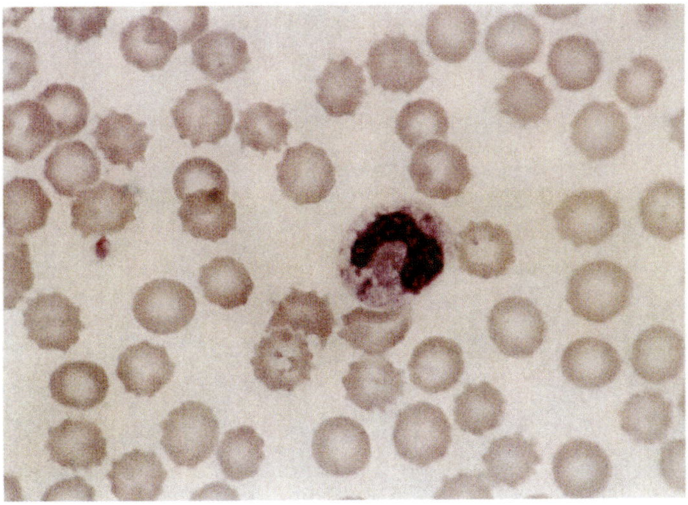

图 C3-1

犬中毒性杆状嗜中性粒细胞。炎症或毒血症引起嗜中性粒细胞的形态发生改变。这种杆状嗜中性粒细胞的细胞质嗜碱性、空泡化，且存在明显的 Dohle 小体（100×）。

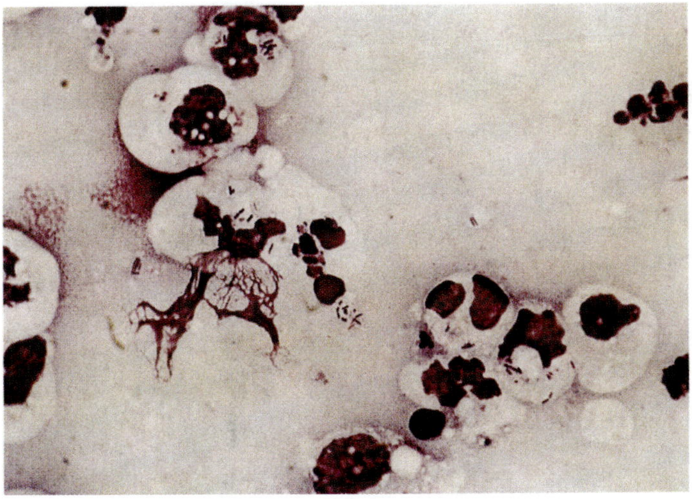

图 C3-2

腹腔液。嗜中性粒细胞肿胀变性，含有被吞噬细菌，表明存在败血性腹膜炎，且腹膜炎导致在 CBC 中出现伴随核左移的中毒性嗜中性粒细胞（100×）。

病例 4　5 岁已绝育雌性牧羊犬

病史　食欲减退，间歇性呕吐。主诉该犬在最近 2 周内有些异常。

临床检查　未见异常。

实验室检查结果

	病犬	参考值
红细胞压积(PCV)%	35	37～55
血红蛋白(Hgb)g/dL	11.9	12～18
红细胞计数(RBC)×10^6/μL	5.6	5.5～8.5
平均红细胞容积(MCV)fL	66	60～77
平均红细胞血红蛋白含量(MCH) pg	22	19～24
平均红细胞血红蛋白浓度(MCHC) g/dL	33	32～36
TPP g/dL	7.3	6.0～7.5
血浆颜色	正常	
网织红细胞%	0.4	<1.0
绝对网织红细胞数/μL	22 400	<80 000
血小板/μL	231 000	>200 000
有核红细胞(NRBC)	69/100 WBC	

红细胞形态

红细胞大小不等症：1+

靶形红细胞：2+

嗜碱性点彩：1+

	病犬	参考值
白细胞计数(WBC)/μL	23 400	6 000～17 000
嗜中性粒细胞	20 124	3 000～11 400
杆状嗜中性粒细胞	234	0～300
淋巴细胞	1 404	1 000～4 800
单核细胞	1 638	150～1 350
嗜酸性粒细胞	—	100～750

讨论和解释

轻度贫血伴有大量有核红细胞(晚幼红细胞)，这样的血象是异常的。但是，晚幼红细胞增多不伴有明显的红细胞大小不等症、大红细胞症、多染性红细胞症或网织红细胞增多症(图 C4-1)。另外，贫血程度比较轻微，有核红细胞数量与贫血严重程度不成比例。由于应答紊乱，所以，该病例属非再生性贫血，且应查明晚幼红细胞增多的原因。晚幼红细胞增多的原因包括：骨髓肿瘤、骨髓纤维变性、铅中毒、骨髓痨、髓外造血或严重缺氧。嗜碱性点彩可见于铅中毒，但并不一定都出现(图 C4-2)。严重贫血犬猫使用促进红细胞生成的药物后，其血涂片也可见到嗜碱性点彩。对于该犬，晚幼红细胞的释放异常和嗜碱性点彩，表明需要做血液铅分析。血铅水平达1.6 ppm（正常 Pb <0.35 ppm）。嗜中性粒细胞性白细胞增多症和单核细胞增多症，表明存在伴有组织坏死的炎症反应。

诊断　铅中毒导致晚幼红细胞异常增多。

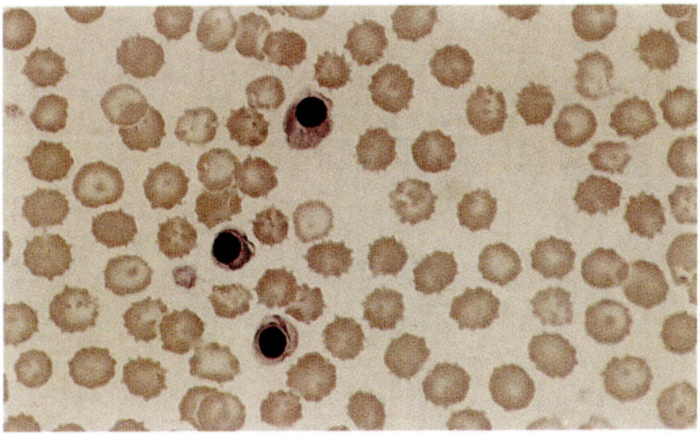

图 C4-1

犬血涂片。视野中存在数个有核红细胞，无多染性红细胞或红细胞大小不等症。对于一只极轻度贫血的犬，有核红细胞的出现表明应答异常。晚幼红细胞异常增多的原因包括：急性缺氧、骨髓肿瘤、骨髓纤维变性、髓外造血、骨髓痨以及铅中毒（40×）。

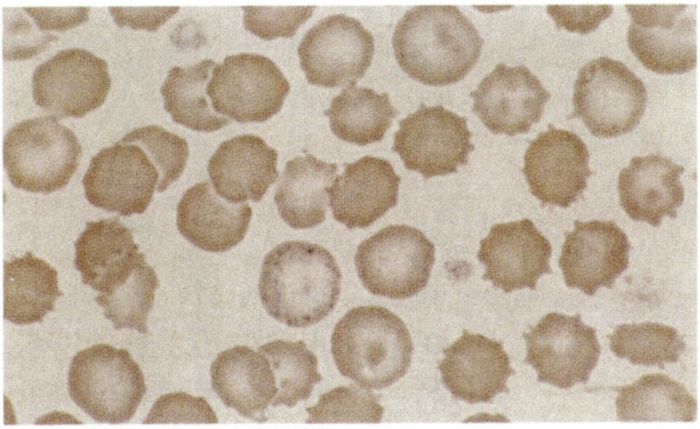

图 C4-2

犬血涂片。红细胞呈锯齿状，且出现多个靶形红细胞。视野中央的大红细胞内出现了明显的嗜碱性点彩，即细胞质外围的蓝黑色颗粒。铅中毒不一定都出现嗜碱性点彩（120×）。

病例 5　4 岁已去势家养长毛公猫

病史　体重下降，食欲减退，无精打采，已持续 3 周。动物主人称，该猫从不外出。

临床检查　黏膜苍白，脉搏快，体重中等程度减轻，肝、脾肿大。

实验室检查结果

	病猫	参考值		病猫	参考值
红细胞压积（PCV）%	12	30～40	白细胞计数（WBC）/μL	13 000	5 500～19 500
血红蛋白（Hgb）g/dL	4.2	8.5～15	嗜中性粒细胞	3 510	2 500～12 500
红细胞计数（RBC）$\times 10^6$/μL	2.05	5.2～10	杆状嗜中性粒细胞	—	0～300
平均红细胞容积（MCV）fL	58	39～55	淋巴细胞	5 460	1 500～7 000
平均红细胞血红蛋白含量（MCH）pg	19	13～17	单核细胞	910	0～850
平均红细胞血红蛋白浓度（MCHC）g/dL	35	30～36	嗜酸性粒细胞	130	0～750
TPP g/dL	7.7	6.0～7.5			
血小板/μL	170 000	＞300 000			
网织红细胞 %	10	＜0.6			
绝对网织红细胞数/μL	20 500	＜80 000			
血浆颜色	正常				
胚细胞	2 990				
有核红细胞（NRBC）	425/100 WBC				
红细胞形态	正常				

讨论和解释

未校正的白细胞计数是 77 200/μL。该数值和报告的白细胞数值不同是因为 NRBCs 的校正。存在严重贫血，且伴有 MCV 升高和大量 NRBCs。但是，MCV 升高和晚幼红细胞增多不伴有红细胞大小不等症、多染性红细胞症或网织红细胞增多症（图 C5-1）。由于形态学变化没有规律且与贫血的严重程度不成比例，表明该猫的贫血属于非再生性。胚细胞体积相当大，细胞质呈深蓝色，核周存在亮区，核圆形偏心，有一个大核仁（图 C5-2 和图 C5-3），偶尔可观察到有丝分裂。骨髓检查显示存在胚细胞、非再生性贫血以及血小板减少症。MCV 升高可能是由于大红细胞症，以及电子计数仪分析红细胞体积时包含有巨白细胞和胚细胞。FeLV 抗原检测呈阳性。骨髓穿刺检查显示存在弥散性胚细胞浸润，胚细胞与血液中见到的一致(图 C5-4)。很少见到发育中的粒细胞和巨核细胞。

诊断　骨髓增生性肿瘤(红白血病)

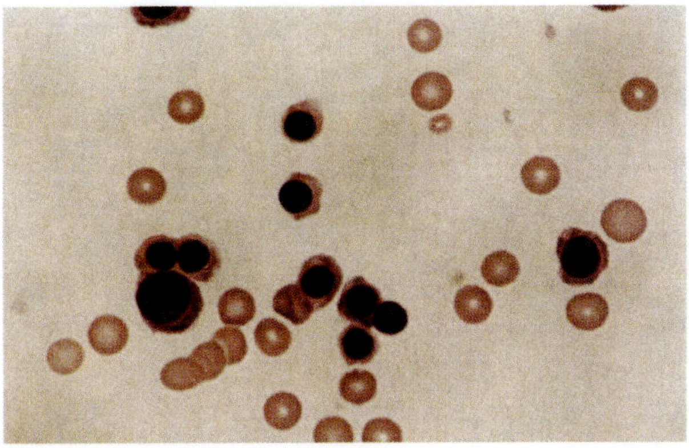

图 C5-1

猫血涂片。存在大量有核红细胞，无明显多染性红细胞症、大红细胞症或红细胞大小不等症。这些结果表明贫血为非再生性。视野内未见到血小板(100×)。

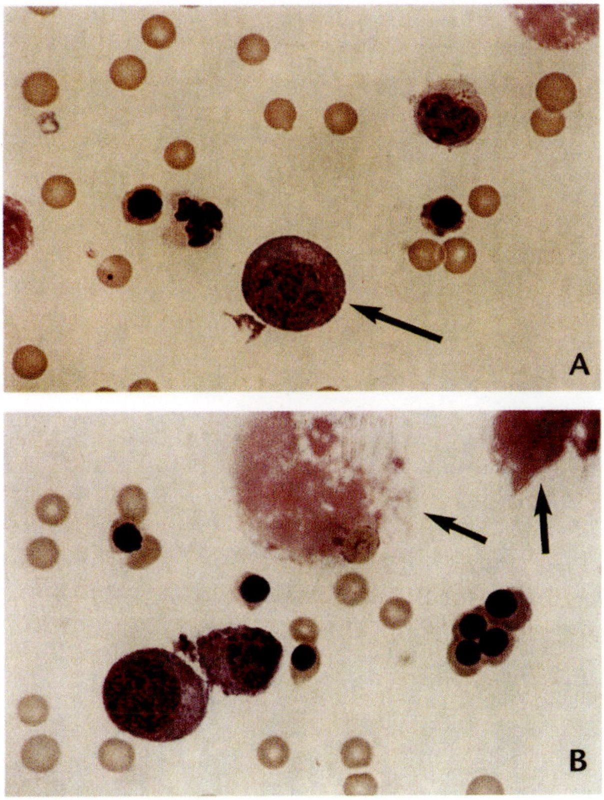

图 C5-2

A. 胚细胞(箭头所指)比嗜中性粒细胞大，有一个偏心核，不规则的染色质，核仁突出，深色嗜碱性细胞质内存在亮区。**B.** 大而无定形的粉色聚合体(箭头所指)是崩解的细胞核(100×)。

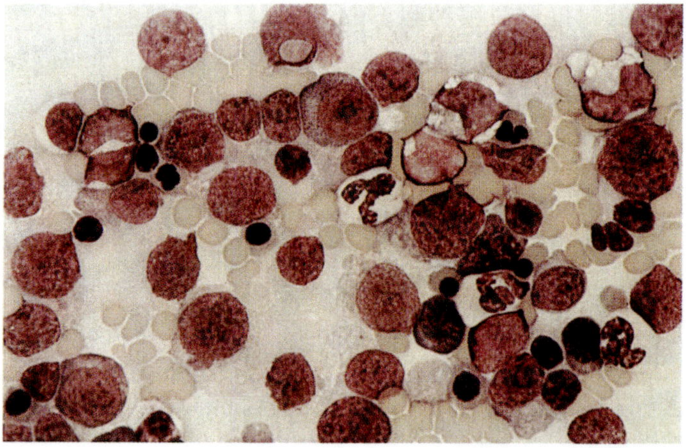

图 C5-3

涂片边缘。大量胚细胞的崩解的细胞核集中于涂片的羽状边缘。胚细胞易碎，制备涂片时，很容易成为碎片（100×）。

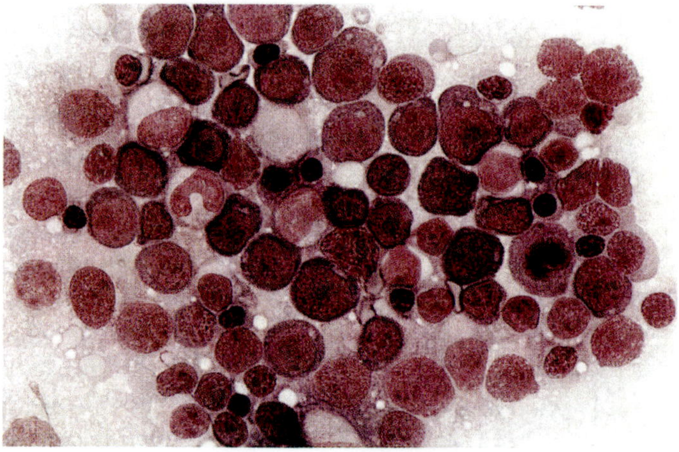

图 C5-4

骨髓涂片。非再生性贫血，存在胚细胞、有核红细胞而无多染性红细胞症表明需要进行骨髓检查。正常粒细胞和红细胞被大量同源的胚细胞取代，胚细胞和血液中所见一致。由于肿瘤增生，该猫存在严重的贫血、血小板减少症和白细胞减少症（100×）。

病例 6　11 岁雌性哈士奇犬

病史　体重下降，食欲减退，运动不耐受，大便松软，已持续数周。

临床检查　黏膜苍白，黑焦油状大便。犬性烈，检查困难。

实验室检查结果

	病犬	参考值		病犬	参考值
红细胞压积(PCV)%	11	37～55	白细胞计数(WBC)/μL	27 400	6 000～17 000
血红蛋白(Hgb)g/dL	2.9	12～15	嗜中性粒细胞	19 454	3 000～11 400
红细胞计数(RBC)×10^6/μL	2.66	5.5～8.5	杆状嗜中性粒细胞	—	0～300
平均红细胞容积(MCV) fL	42	60～77	淋巴细胞	6 302	1 000～4 800
平均红细胞血红蛋白含量(MCH) pg	10	19～24	单核细胞	1 370	150～1 350
平均红细胞血红蛋白浓度(MCHC) g/dL	23	32～36	嗜酸性粒细胞	274	100～750
TPP g/dL	6.0	6.0～7.5			
血浆颜色	正常				
网织红细胞%	3.3	<1.0			
绝对网织红细胞数/μL	87 780	<80 000			
血小板/μL	780 000	>200 000			
有核红细胞(NRBC)	7/100 WBC				

红细胞形态

红细胞大小不等症：2+

小红细胞症：2+

多染性红细胞症：1+

低色素血症：3+

异形红细胞症：3+

讨论和解释

存在严重的贫血和显著的低蛋白血症。因为存在红细胞大小不等症、多染性红细胞症、有核红细胞以及网织红细胞增多，乍看似乎存在再生性反应。由于红细胞参数和形态显示小细胞低色素性贫血(图 C6-1)，而失血引起的正常再生性反应是大细胞低色素性贫血，这些结果表明再生性反应异常。虽然网织红细胞的比例稍有增加，但网织红细胞绝对计数显示网织红细胞反应没有显著增加。检测血清铁和血清铁结合力证实铁缺乏(铁＝38 μg/dL，参考值

89～138；IBC＝360 μg/dL，参考值 177～400）。虽然变化可能很细微，但铁缺乏动物的红细胞较小。由于血红蛋白不足，细胞中央灰白区域显得较大（图 C6-2）。多染性红细胞和有核红细胞含血红蛋白很少，且细胞质空泡化或呈虫蛀状。显著的异形红细胞症和血小板增多症也是铁缺乏的特征。白细胞象中，成熟嗜中性粒细胞增多、单核细胞增多和淋巴细胞增多明显，与慢性炎症反应相符。骨髓中嗜中性粒细胞的生成与组织的需求之间达到平衡。血涂片上未见到异型淋巴细胞或淋巴母细胞。犬注射镇静剂后，进行了更全面的检查。结果显示犬中腹部有一个硬块。超声波检查证实是有混合回声的肠内肿块。腹腔肿物的细针穿刺物显示为多形性上皮细胞（图 C6-3）。

诊断　伴有慢性胃肠出血的肠癌（图 C6-4），并继发缺铁性贫血。

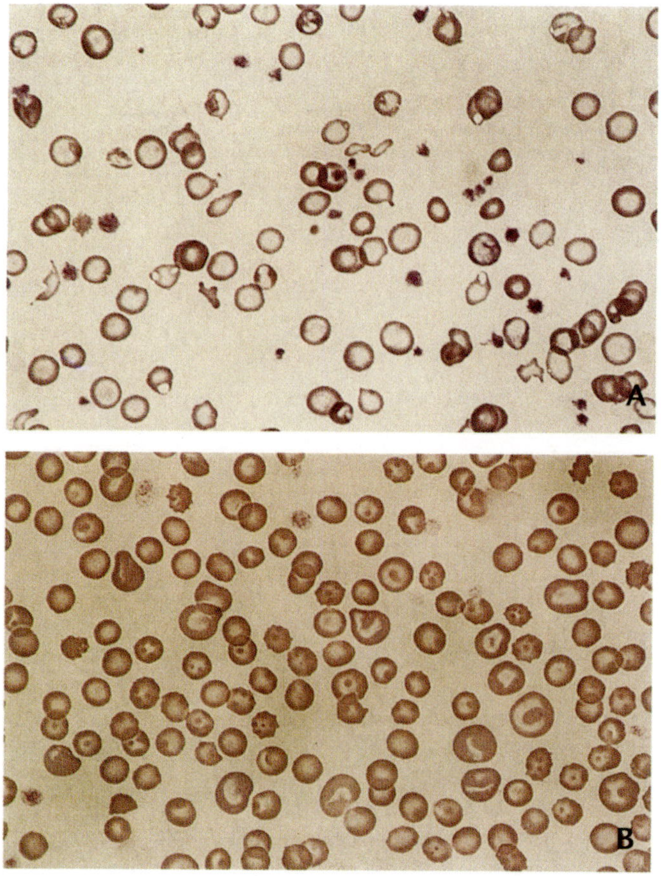

图 C6-1

犬血涂片。病例 6 的血液与正常犬红细胞相比较。与 **B** 中的正常红细胞相比，**A** 存在小红细胞症且低色素血症非常显著（40×）。

图 C6-2

犬血涂片。存在明显的小红细胞、异形红细胞和低色素性红细胞。低色素性红细胞中央灰白区域显得较大，血红蛋白着色的边缘减少。对于犬猫，缺铁性贫血是引起这些变化的最常见原因（100×）。

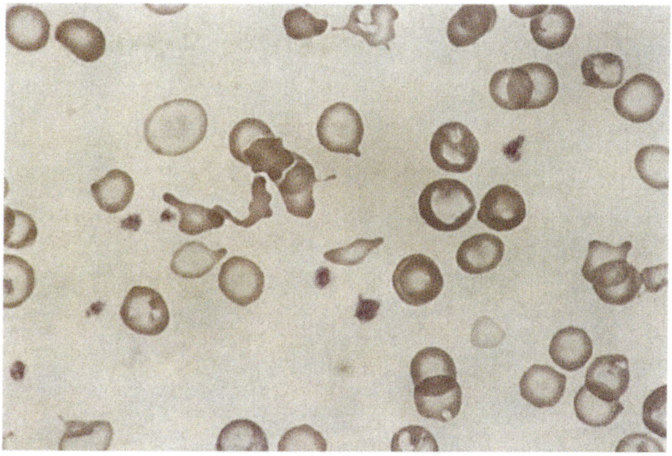

图 C6-3

腹腔肿物的穿刺物。多形上皮细胞的片子，存在明显的红细胞大小不等症，核大小不均，N∶C 比率不定，染色质不规则，可确诊为癌症（100×）。

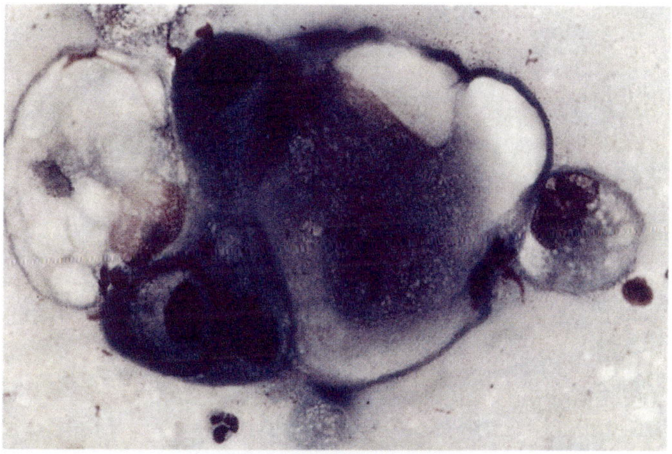

图 C6-4

巨大癌变的肠袢。注意溃烂的肠腔表面，可引起慢性出血和继发性缺铁性贫血。

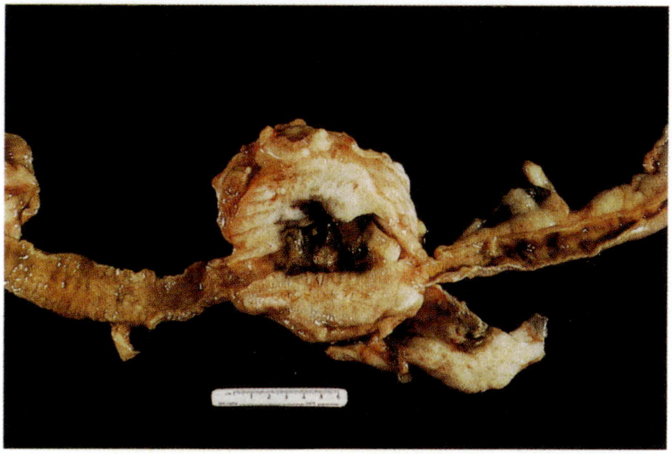

病例7　4周龄雄性灰猎犬

病史　幼犬出生时及出生后1周均健康。2～3周龄时，突然精神沉郁，停止采食，黏膜苍白。尽管进行了支持治疗，在临床症状出现后的几天内，同窝50%～60%幼犬死亡。

临床检查　精神中度沉郁，虚弱，食欲废绝，发热(T＝39.9℃)，黏膜苍白、黄染。粪便成形，橙色。脾脏肿大。幼犬蜱感染严重。

实验室检查结果

	病犬	参考值
红细胞压积(PCV)%	10	37～55
血红蛋白(Hgb)g/dL	2.9	12～18
红细胞计数(RBC)×10^6/μL	1.43	4.95～7.87
平均红细胞容积(MCV) fL	70	60～77
平均红细胞血红蛋白含量(MCH) pg	20	19～24
平均红细胞血红蛋白浓度(MCHC) g/dL	29	32～36
TPP g/dL	4.5	6.0～7.5
网织红细胞%	10.2	＜1.0
绝对网织红细胞数/μL	145 800	＜80 000
血浆颜色	4＋黄疸	
血小板/μL	35 000	＞200 000

	病犬	参考值
白细胞计数(WBC)/μL	33 000	6 000～17 000
嗜中性粒细胞	27 000	3 000～11 400
杆状嗜中性粒细胞	3 500	0～300
淋巴细胞	800	1 000～4 800
单核细胞	1 700	150～1 350
嗜酸性粒细胞	—	100～750

红细胞形态

红细胞大小不等症：3＋

多染性红细胞症：3＋

大红细胞症：3＋

选择的生化项目	病犬	参考值
丙氨酸氨基转移酶(ALT) IU/L	156	4～66
总胆红素 mg/dL	12.4	0.1～0.6

尿液检查

颜色	淡黄色	血	1＋
比重(SG)	1.035	蛋白质	1＋
酸碱度(pH)	6	尿沉渣	胆汁结晶
胆红素	4＋		

粪便漂浮法检查

少量钩虫卵

讨论和解释

红细胞形态和网织红细胞增多症，表明存在再生性贫血。黄疸、胆红素尿、脾肿大、橙色粪便以及没有出血，表明发生了溶血性疾病。溶血的原因包括传染原、毒素、免疫介导性破坏、破碎、渗透性溶解以及先天性溶血性疾病。血涂片检查见红细胞寄生虫、海因茨小体、球形红细胞、裂红细胞和影细胞。钩端螺旋体血清学检验呈阴性。直接库姆斯试验呈阳性。在最初的血涂片上可观察到一些犬巴贝西虫(图 C7-1)。

死亡幼犬的脾脏压片显示红细胞内存在大量巴贝西虫体(图 C7-2)。幼犬接受三氮脒治疗，同时通过控制蜱来控制经蜱传播的疾病。

无 MCV 升高和低蛋白血症，可能是由继发于钩虫病的失血和铁离子消耗引起的。巴贝西虫病的溶血性贫血和血小板减少症是免疫介导破坏红细胞和血小板引起的。因此，库姆斯试验呈阳性是很常见的。

白细胞检查数据显示，伴有反复应激和组织坏死的炎性白细胞象。这种情况常见于溶血性疾病。炎症反应是由循环红细胞的破坏引起的。

诊断　犬巴贝西虫引起的溶血性贫血并发钩虫感染。

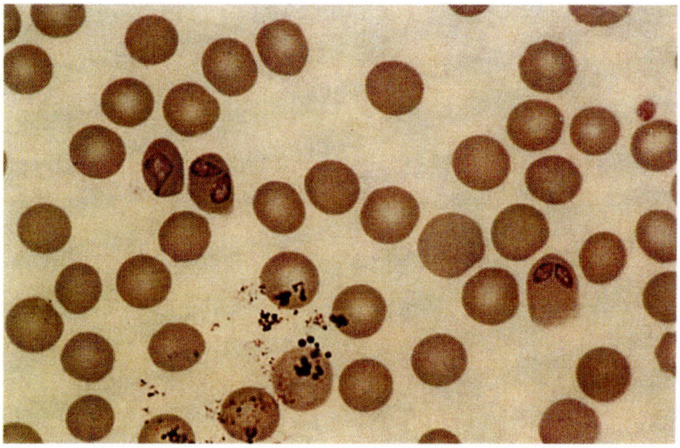

图 C7-1

犬巴贝西虫。在红细胞中可见成对的嗜碱性、梨形原虫。还存在嗜碱性颗粒样的染料沉淀覆盖于一些红细胞表面(100×)。

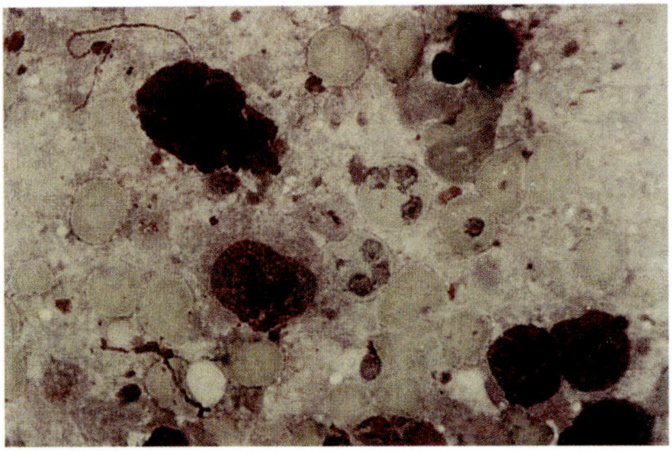

图 C7-2

脾脏压片。犬巴贝西虫。一些红细胞中可见圆形至椭圆形的寄生虫。在每个原虫体内可见到圆形的嗜碱性核结构。圆形粉色无定形聚合体是崩解的淋巴细胞核(100×)。

病例 8 5 岁雌性可卡犬

病史 主诉该犬状态不好，尿色发深。此前接诊医生用抗生素治疗膀胱感染。

临床检查 $T=40℃$，黏膜苍白、黄染，腹中部有大硬块。轻度脱水。

实验室检查结果

	病犬	参考值		病犬	参考值
红细胞压积(PCV)%	11.5	37～55	白细胞计数(WBC)/μL	46 000	6 000～17 000
血红蛋白(Hgb) g/dL	3.4	12～18	嗜中性粒细胞	34 120	3 000～11 400
红细胞计数(RBC)×10^6/μL	1.3	4.95～7.87	杆状嗜中性粒细胞	3 600	0～300
平均红细胞容积(MCV)fL	88	60～77	淋巴细胞	2 300	1 000～4 800
平均红细胞血红蛋白含量(MCH) pg	26	19～24	单核细胞	3 680	150～1 350
平均红细胞血红蛋白浓度(MCHC) g/dL	29	32～36	嗜酸性粒细胞	460	100～750
TPP g/dL	8.3	6.0～7.5			
血浆颜色	黄疸、轻微溶血				
网织红细胞%	23	<1.0			
绝对网织红细胞数/μL	299 000	<80 000			
血小板/μL	240 000	>200 000			
有核红细胞(NRBC)	1 840/100 WBC				

红细胞形态

红细胞大小不等症、大红细胞症、多染性红细胞症：3＋

球形红细胞：3＋

影细胞：1＋

凝集反应：1＋

选择的生化项目	病犬	参考值
总胆红素	7.9 mg/dL	0.1～0.6
丙氨酸氨基转移酶(ALT)	693 IU/L	4～66

讨论和解释

临床表现和实验室检查引出不同的诊断方向。黄疸、胆红素增加以及 ALT 活性升高，表明可能存在肝脏疾病。腹腔肿物、发烧、嗜中性粒细胞性白细胞增多、核左移及单核细胞增多都符合炎性疾病，如未绝育母犬的子宫蓄脓。

溶血性疾病、肝病或胆管阻塞可引起黄疸。对出现黄疸的动物，首先要检查是否存在溶血性贫血。CBC 结果显示明显的再生性反应（网织红细胞增多及 MCV 升高），涂片检查显示存在红细胞大小不等症、多染性红细胞症、大红细胞症、有核红细胞以及大量球形红细胞和影细胞（图 C8-1、图 C8-2、图 C8-3 和图 C8-4）。这些结果和免疫介导性红细胞破坏引起的溶血性贫血相符。红细胞内未观察到寄生虫。总蛋白升高可能是由脱水引起的。

伴随核左移的白细胞增多症十分明显，且是免疫介导性溶血性贫血的一个特征。ALT 活性和总胆红素浓度升高是由胆红素生成过快的急性红细胞破坏以及继发于严重急性贫血的低氧性肝损伤的共同作用所致。

诊断　免疫介导性溶血性疾病，库姆斯试验呈阳性。

结果　泼尼松治疗有效。

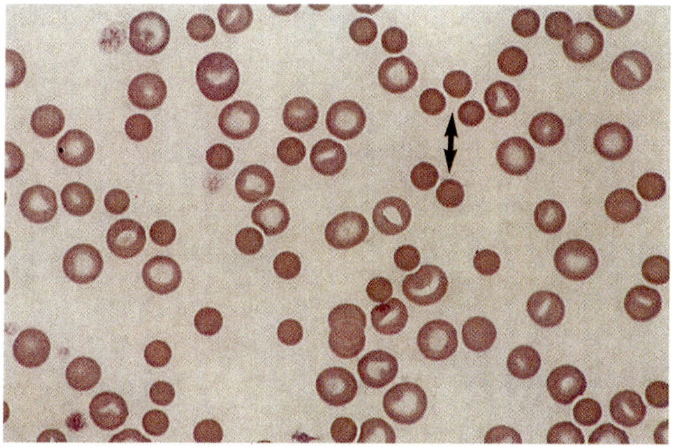

图 C8-1
免疫介导性溶血性贫血犬的红细胞。由于多染性红细胞、大红细胞和球形红细胞（箭头所指，它们是较小的红细胞，缺乏中央灰白区域）的存在，红细胞大小不等症十分显著（60×）。

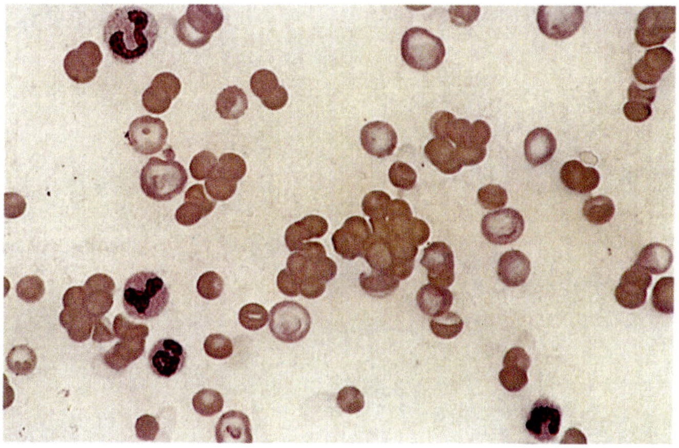

图 C8-2
红细胞凝集。红细胞成群聚集表明出现了凝集反应，这一变化是由相邻红细胞间的抗体桥联引起的（60×）。

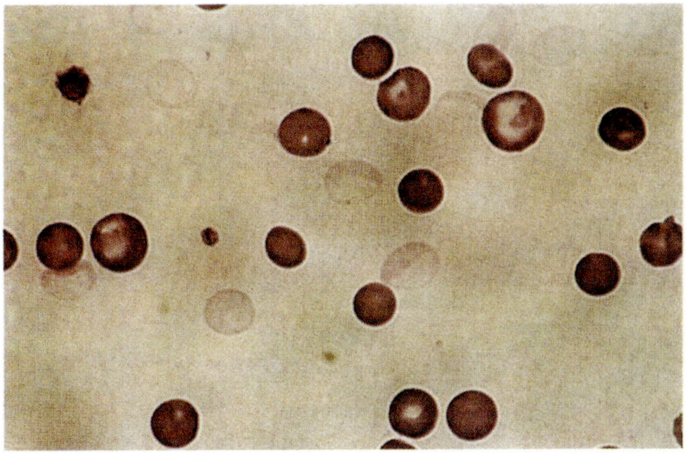

图 C8-3

球形红细胞和影细胞,后者提示存在某种程度的血管内溶血。

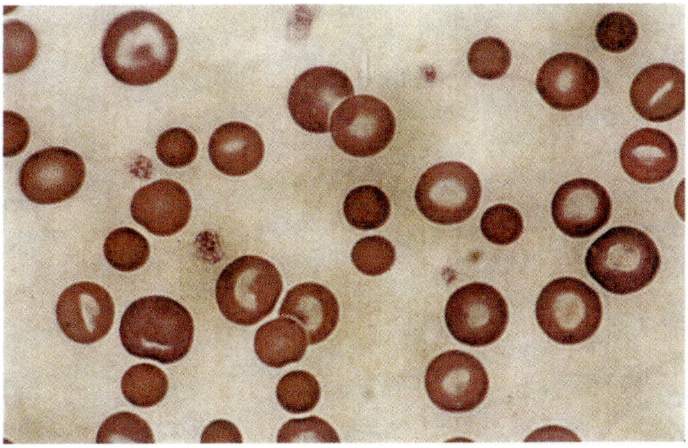

图 C8-4

明显的红细胞大小不等症、大红细胞症和多染性红细胞症,表明存在显著的再生性反应。缺乏中央灰白区域的小红细胞是球形红细胞。

病例 9　2 岁未绝育雌性拉布拉多犬

病史　前肢跛行、发烧且食欲废绝，已持续 3 周。抗生素治疗 2 周，未见效。

临床症状　T＝40.6℃，右肱骨部疼痛，咳嗽伴有湿啰音，外周淋巴结肿大，无明显脱水。

实验室检查结果

	病犬	参考值		病犬	参考值
红细胞压积(PCV)％	30	37～55	白细胞计数(WBC)/μL	46 300	6 000～17 000
血红蛋白(Hgb) g/dL	10.2	12～15	嗜中性粒细胞	42 133	3 000～11 400
红细胞计数(RBC)×10^6/μL	4.3	5.5～8.5	杆状嗜中性粒细胞	926	0～300
平均红细胞容积(MCV) fL	70	60～77	淋巴细胞	926	1 000～4 800
平均红细胞血红蛋白含量(MCH) pg	23	19～24	单核细胞	1 852	150～1 350
平均红细胞血红蛋白浓度(MCHC) g/dL	34	32～36	嗜酸性粒细胞	463	100～750
TPP g/dL	8.8	6.0～7.5			
血浆颜色	正常				
网织红细胞％	0.9	＜1 0			
绝对网织红细胞数/μL	38 700	＜80 000			
血小板	ADQ				
红细胞形态	正常				

讨论和解释

伴有总蛋白浓度升高的轻度贫血十分明显，贫血为正细胞正色素性(图 C9-1)。临床检查无出血迹象。网织红细胞计数和红细胞形态检查显示不存在再生性反应，而对于存在出血或溶血且具有 3 周病史的病例，应存在再生性反应。总蛋白升高可由于脱水或感染/炎症引起的球蛋白合成增加所致。由于不存在脱水的情况，所以，可能是由高球蛋白血症引起。显著的嗜中性粒细胞增多导致白细胞计数增加，且伴有单核细胞增多以及轻微的核左移(白细胞分类计数中，2％的白细胞是杆状嗜中性粒细胞)。这些结果与慢性炎症反应相一致。淋巴细胞数量减少是由于内源性糖皮质激素释放或应激反应引起的。

骨髓富含细胞，伴随骨髓细胞：红细胞比率增加(M：E)(图 C9-2)。粒细胞生成活跃，成熟正常。红细胞前体数量减少，但成熟正常。骨髓内的铁贮量增加。

总结　非再生性贫血、高球蛋白血症以及伴随轻微核左移的嗜中性粒细胞增多症和单核细胞增多症。骨髓内铁存贮增加，粒细胞较多，同时红细胞前体减少，表明粒细胞增生过度和红细胞再生不良。这些结果与炎症引起的贫血相一致。

结果　淋巴结和肺的细针穿刺检查显示为皮炎芽生菌（*Blastomyces dermatitidis*）引起的脓性肉芽肿性炎症（图 C9-3）。

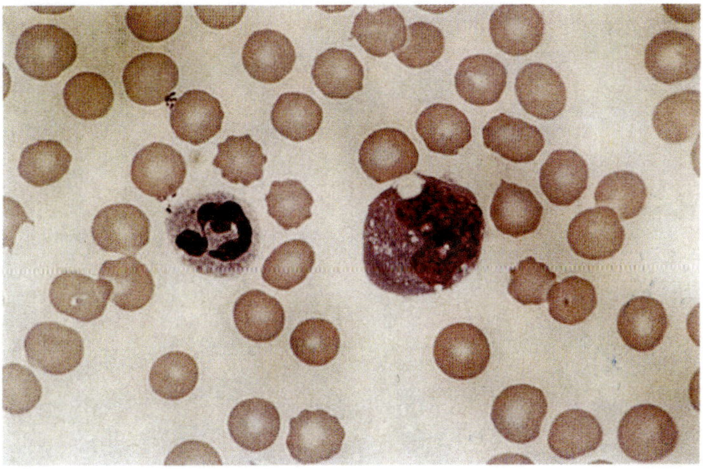

图 C9-1

犬血涂片。正细胞正色素表明贫血是非再生性的。视野中存在分叶嗜中性粒细胞和单核细胞。嗜中性粒细胞增多症和单核细胞增多症，表明存在伴有组织坏死的慢性炎症（100×）。

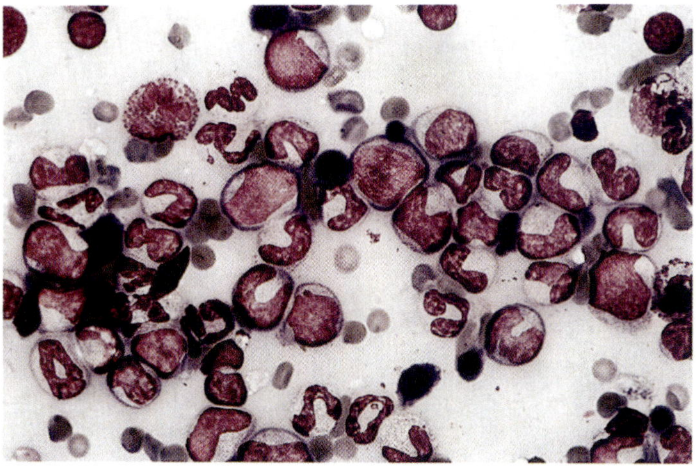

图 C9-2

骨髓涂片。在骨髓涂片上，粒细胞性增生过度和红细胞性再生不良十分明显。大多数细胞是发育中的粒细胞，红细胞再生显著降低。CBC 和骨髓的变化与慢性炎症的表现一致(40×)。

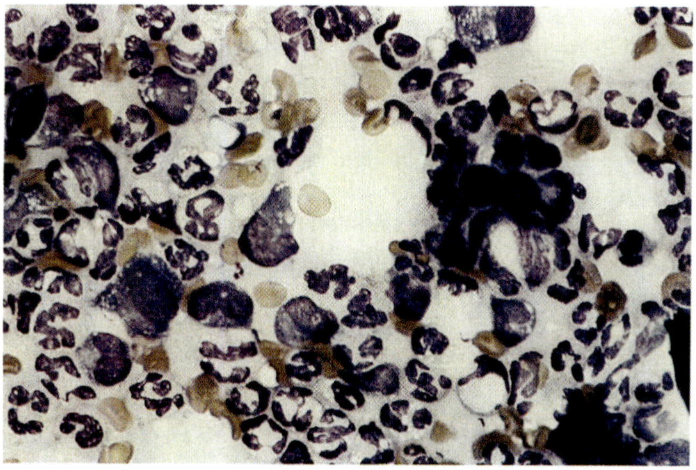

图 C9-3

淋巴结穿刺涂片。淋巴结中存在脓性肉芽肿性炎症。大多数细胞是嗜中性粒细胞和巨噬细胞，其内含有大量芽生酵母菌，位于视野中间偏右的位置。酵母的形态与皮炎芽生菌一致。

病例 10 9岁已去势雄性金毛猎犬

病史 一年前从人道组织领养。动物主人注意到脱毛增多，不爱活动。

临床检查 体温正常，脉搏增加。两侧对称性脱毛，且极度虚弱、消瘦、黏膜苍白。腹部触诊存在肿块。

实验室检查结果

	病犬	参考值
红细胞压积(PCV)%	9	37～55
血红蛋白(Hgb)g/dL	3.0	12～15
红细胞计数(RBC)×10^6/μL	1.3	5.5～8.5
平均红细胞容积(MCV) fL	69	60～77
平均红细胞血红蛋白含量(MCH) pg	23	19～24
平均红细胞血红蛋白浓度(MCHC) g/dL	33	32～36
TPP g/dL	7.1	6.0～7.5
血浆颜色	正常	
网织红细胞%	0.8	<1.0
绝对网织红细胞数/μL	10 400	<80 000
血小板/μL	43 000	>200 000

	病犬	参考值
白细胞计数(WBC)/μL	3 895	6 000～17 000
嗜中性粒细胞	2 804	3 000～11 400
杆状嗜中性粒细胞	—	0～300
淋巴细胞	1 051	1 000～4 800
单核细胞	39	150～1 350
嗜酸性粒细胞	—	100～750

红细胞形态

未见异常

讨论和解释

严重贫血，但红细胞参数正常，红细胞形态或网织红细胞计数均无再生性迹象(图 C10-1)。严重的血小板减少症、白细胞减少症以及嗜中性粒细胞减少症。这些结果表明循环血细胞严重减少或泛细胞减少症。需进行骨髓穿刺检查。

骨髓检查显示为缺乏细胞的骨髓像，只存在极少的红细胞、粒细胞或巨核细胞前体(图 C10-2)。可见零星的毛细血管碎片。大部分骨髓被脂肪组织取代。

诊断　由骨髓再生不良/破坏引起严重的泛细胞减少症。有毒化学物质、药物、传染原、免疫介导性疾病都可能引起该病。

结果　超声波介导的细针穿刺检查腹腔肿物，结果显示为塞尔托利细胞瘤(Sertoli cell tumor)。在局部淋巴结内的转移非常明显。这些肿瘤可分泌高水平的雌激素，从而导致对称性脱毛以及严重的骨髓再生不良。经检测，该犬血清雌激素水平极高。由于髂腰淋巴结内出现了肿瘤转移病灶，动物主人选择了安乐死。主人后来发现该犬尚未去势，患有双侧隐睾。

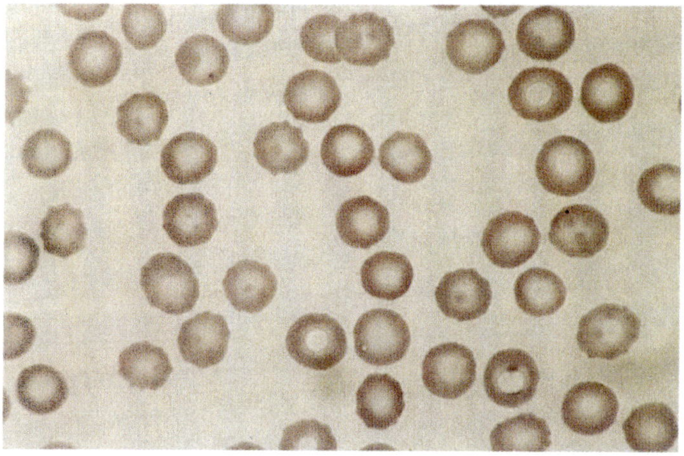

图 C10-1

犬血涂片。严重的非再生性贫血和血小板减少症十分明显。未见多染性红细胞症、红细胞大小不等症和大红细胞症。血小板罕见(100×)。

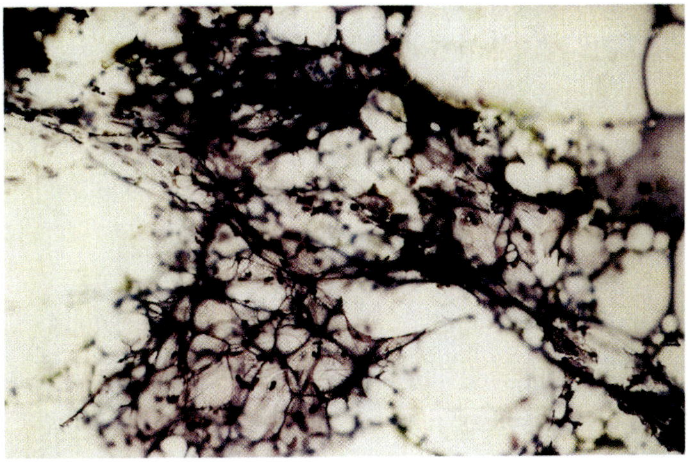

图 C10-2

骨髓涂片。脂肪组织和结缔组织替代正常骨髓细胞，表明存在严重的骨髓再生不良。骨髓活性降低导致泛细胞减少症。这种变化可由毒素、药物、传染原、化学损伤和免疫介导性疾病引起。

病例 11　10 月龄雌性暹罗猫

病史　分娩时过度疲劳。

临床检查　$T=40.5$℃，精神沉郁、脱水，阴道有出血性浆液分泌物，X 线片显示生殖道内有浸软胎儿。

实验室检查结果

	病猫			参考值
	第 1 天	第 2 天	第 5 天	
红细胞压积(PCV)%	46	38	29	30～40
TPP g/dL	7.0	4.6	4.5	6.0～7.5
血小板	ADQ	ADQ	ADQ	
白细胞计数(WBC)/μL	9 500	9 100	48 400	5 500～19 500
嗜中性粒细胞	2 755	3 003	45 980	2 500～12 500
杆状嗜中性粒细胞	5 415	4 914	1 452	0～300
晚幼红细胞	95	273	—	
淋巴细胞	665	637	484	1 500～7 000
单核细胞	570	273	484	0～850
嗜酸性粒细胞	—	—	—	0～750
中毒性嗜中性粒细胞	3＋	3＋	—	

讨论和解释

第 1 天

脱水引起红细胞增多症。在严重脱水的情况下，TPP 正常表明存在低蛋白血症。白细胞象显示严重的变性性核左移、淋巴细胞减少和存在中毒性嗜中性粒细胞(图 C11-1、图 C11-2 和图 C11-3)。这些变化与含有丰富血管的组织或体腔内的严重或特急性炎症相一致。严重核左移(杆状嗜中性粒细胞超过成熟嗜中性粒细胞，而白细胞计数正常)表明预后不良。可能是急性腹膜炎或子宫炎引起的。低蛋白血症是由于急性炎症引起蛋白质渗出所致。腹腔穿刺检查结果，显示为嗜中性粒细胞渗出液，且含有棒状杆菌(图 C11-4)。

第 2 天

剖腹探查前，猫接受了静脉输液和抗生素治疗。补液后，PCV 降至正常，低蛋白血症明显。白细胞计数与第 1 天相似，表明存在急性、严重的炎症反应和败血症。应激反应导致两天的淋巴细胞都严重减少。手术探查结果为急性子宫炎引发子宫穿孔，继发急性弥散性腹膜炎。施行卵巢子宫切除术和腹腔冲洗。

第 5 天
术后两天的 CBC 显示明显的嗜中性粒细胞性白细胞增多症，并伴有核左移和严重的淋巴细胞减少症。第 2～4 天的白细胞反应是炎症病灶的突然移除引起的。骨髓持续产生和释放嗜中性粒细胞，从而导致嗜中性粒细胞反弹性升高。低蛋白血症持续存在，可在 2 周内逐渐恢复正常。手术中失血以及严重的炎症反应，引起 PCV 降低。

结果 安然康复。

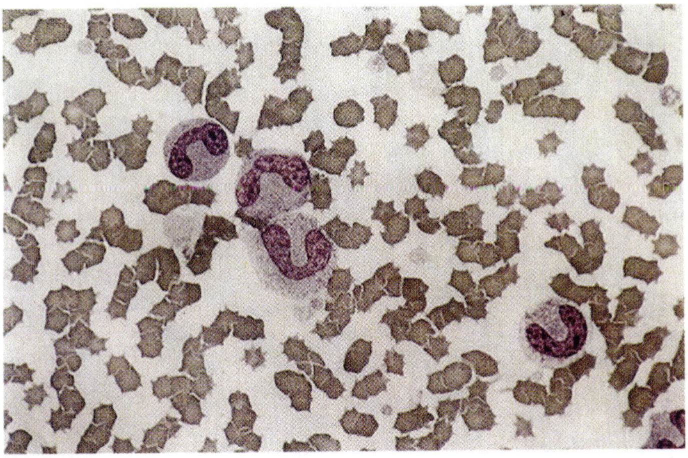

图 C11-1
猫血涂片。杆状嗜中性粒细胞增多，表明存在严重的核左移。缗钱样红细胞增加可能是由炎症引起血浆蛋白变化而导致的（40×）。

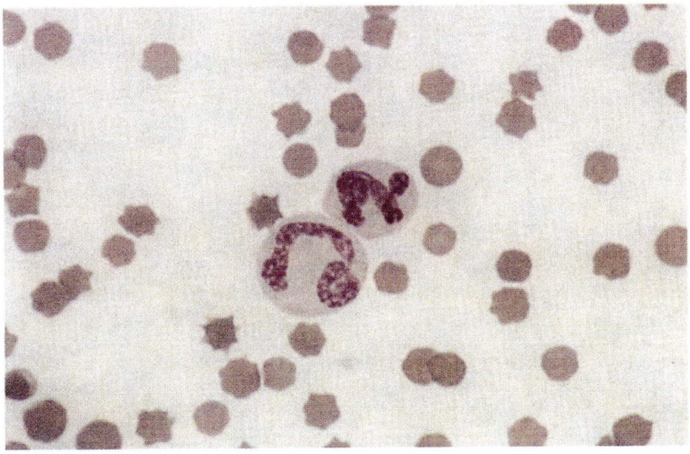

图 C11-2
猫血涂片。炎症可引起嗜中性粒细胞形态的改变。视野中存在两个分叶嗜中性粒细胞，细胞质嗜碱性轻微增加。其中一个嗜中性粒细胞很大，核分叶异常，这是中毒变化的表现（100×）。

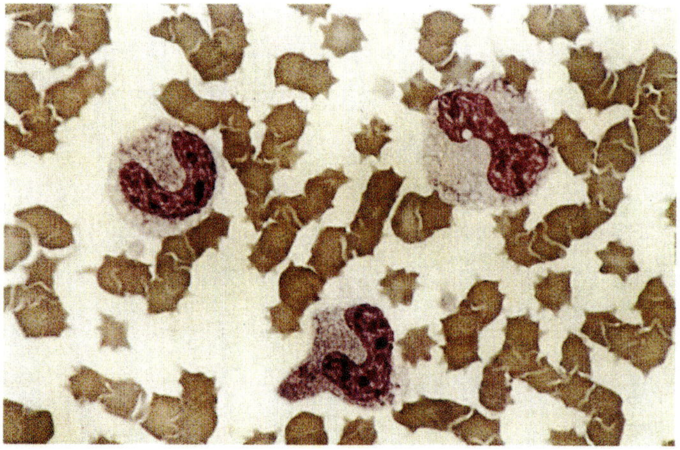

图 C11-3

猫血涂片。红细胞呈锯齿状，并伴有显著的缗钱样红细胞。杆状嗜中性粒细胞中毒很严重，出现嗜碱性细胞质和 Dohle 小体（100×）。

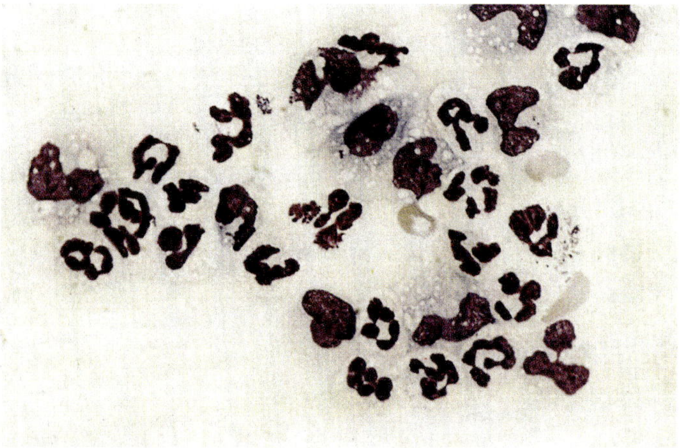

图 C11-4

腹腔液涂片。嗜中性粒细胞和巨噬细胞混合出现，可见到被吞噬的细菌。这些结果证实存在败血性腹膜炎（100×）。

病例 12 1岁未去势雄性柯利犬

病史 严重呕吐和腹泻，持续 12 h。

临床检查 T=36.7℃，P=40，脱水 8%；犬极度虚弱，接近昏迷。

实验室检查结果

	病犬	参考值		病犬	参考值
红细胞压积(PCV)%	60	37～55	白细胞计数(WBC)/μL	11 300	6 000～17 000
血红蛋白(Hgb)g/dL	20.5	12～15	嗜中性粒细胞	8 136	3 000～11 400
红细胞计数(RBC)×10^6/μL	8.9	5.5～8.5	杆状嗜中性粒细胞	113	0～300
平均红细胞容积(MCV) fL	67	60～77	淋巴细胞	1 928	1 000～4 800
平均红细胞血红蛋白含量(MCH) pg	23	19～24	单核细胞	678	150～1 350
平均红细胞血红蛋白浓度(MCHC) g/dL	34	32～36	嗜酸性粒细胞	452	100～750
TPP g/dL	9.3	6.0～7.5			
血小板	ADQ				

讨论和解释

脱水引起红细胞增多症和高蛋白血症。白细胞象显示嗜中性粒细胞计数和淋巴细胞计数正常。白细胞的反应表明不存在炎症或败血症，这在鉴别诊断上具有重要意义。因为临床症状严重，我们预期至少会出现应激性白细胞象。出现这些临床症状而白细胞象正常，表明肾上腺类固醇水平降低，这是急性肾上腺皮质机能减退的特征(犬阿狄森氏病)。

血清生化检查显示：肾前性氮质血症、低钠血症、高钾血症，ACTH 刺激试验反应微弱，氢化可的松浓度很低。

病例 13　1 岁未绝育雌性拳师犬

病史　就诊 2 天前出车祸。动物主人注意到该犬不食，精神沉郁。

临床检查　身体多处擦伤，整个左腹部疼痛。

实验室检查结果

	患病动物			参考值
	第 1 天	第 2 天（上午）	第 2 天（下午）	
红细胞压积（PCV）%	39	36	39	37～55
TPP g/dL	6.8	7.3	7.0	6.0～7.5
血小板	ADQ	ADQ	减少	
白细胞计数（WBC）/μL	19 500	13 600	3 800	6 000～17 000
嗜中性粒细胞	17 355	11 520	1 178	3 000～11 400
杆状嗜中性粒细胞	—	1 360	1 216	0～300
淋巴细胞	390	680	912	1 000～4 800
单核细胞	780	408	494	150～1 350
嗜酸性粒细胞	975	—	—	100～750
中毒性嗜中性粒细胞	—	2+	3+	

腹腔液（第 2 天）

颜色：不透明、淡红色

总蛋白（TP）：4.7 g/dL

白细胞总数：23 000/μL

白细胞分类计数：嗜中性粒细胞占 93%

讨论和解释

第 1 天

存在嗜中性粒细胞性白细胞增多症和淋巴细胞减少症，没有观察到中毒性嗜中性粒细胞及核左移。这些结果与应激反应相符，但是不能排除早期（轻微）的炎症反应。

第 2 天（上午 8:00）

犬临床症状恶化。精神沉郁，毛细血管再充盈时间延长，脉搏明显加快。白细胞和嗜中性粒细胞数量减少，且存在明显的核左移和中毒性嗜中性粒细胞（图 C13-1）。可能是急性炎症或败血症，应进行病灶和相关组织器官的仔细检查。腹腔穿刺检查结果为败血性嗜中性粒细胞渗出，表明是急性腹膜炎（图 C13-2）。

第 2 天（下午 3：00）
手术探查证实存在明显的弥漫性腹膜炎，切除多段梗死肠管。术前 CBC 检查显示嗜中性粒细胞显著减少，并伴有严重的变性性核左移和中毒性嗜中性粒细胞。发生这种变化超过 7 h 表明存在严重的致命性炎症，预后不良。血小板减少可能是由于血栓和栓塞部位的消耗增加引起的。术后不久，该犬死亡。

该病例说明的是急性重度炎症出现的白细胞象动态的和突然的改变。

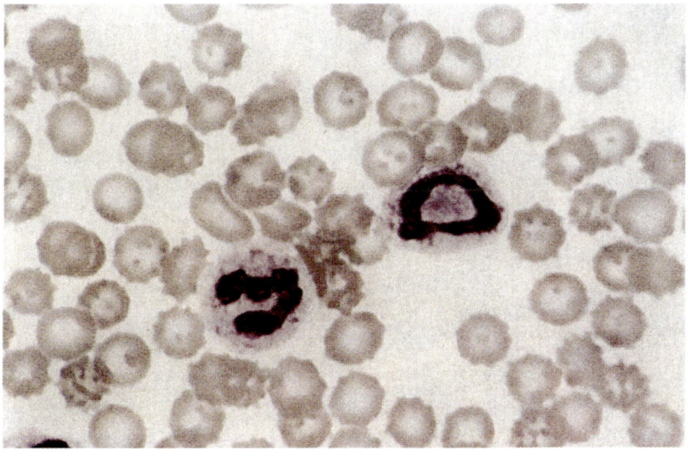

图 C13-1
犬血涂片。两个嗜中性粒细胞呈中毒性变化，细胞质出现嗜碱性、空泡性和 Dohle 小体。红细胞呈锯齿状（100×）。

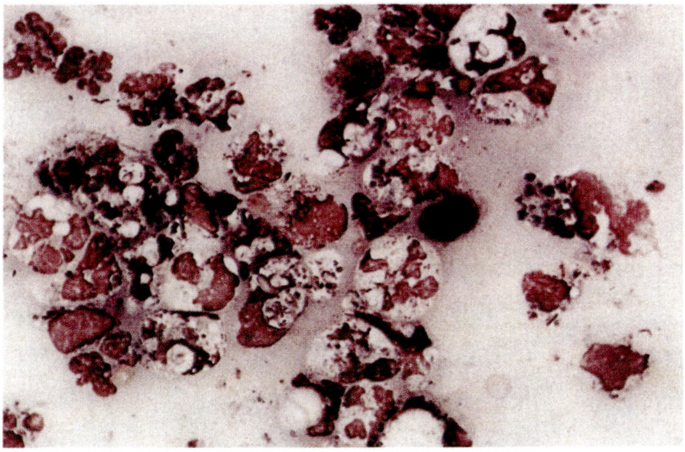

图 C13-2
腹腔液涂片。在高蛋白腹腔液中存在大量变性嗜中性粒细胞，细胞内含有被吞噬的细菌。细胞学检查证实为败血性腹膜炎（100×）。

病例 14　10 岁已去势雄性家养短毛虎斑猫

病史　曾呕吐，呼吸困难。抗生素对改善呼吸症状无效。

临床检查　体温正常，呼吸频率增加，呼气困难。胸腔 X 线片显示肺部存在多个高密度小结节。中度脱水。

实验室检查结果

	病猫	参考值		病猫	参考值
红细胞压积(PCV)%	40	30～40	白细胞计数(WBC)/μL	17 000	5 500～19 500
血红蛋白(Hgb)g/dL	13.1	8.5～15	嗜中性粒细胞	6 120	2 500～12 500
红细胞计数(RBC)$\times10^6$/μL	8.6	5.2～10	杆状嗜中性粒细胞	—	0～300
平均红细胞容积(MCV) fL	46	39～55	淋巴细胞	2 040	1 500～7 000
平均红细胞血红蛋白含量(MCH) pg	15.2	13～17	单核细胞	340	0～850
平均红细胞血红蛋白浓度(MCHC) g/dL	33	30～36	嗜酸性粒细胞	8 500	0～750
TPP g/dL	8.6	6.0～7.5			

讨论和解释

脱水引起 PCV 和 TPP 升高。嗜酸性粒细胞显著增多导致白细胞增多症。原因包括过敏和超敏反应、慢性肉芽肿病以及肿瘤，如肥大细胞瘤或淋巴瘤。嗜酸性粒细胞性白血病和高嗜酸性粒细胞综合征少见。寄生于肺部或存在显著组织移行期的寄生虫，或免疫反应是常见的原因。皮肤、呼吸道、母畜生殖道或胃肠道的过敏或肉芽肿病也很可能产生嗜酸性粒细胞增多的白细胞增多症。因为存在呼吸症状，所以应考虑并殖吸虫(*Paragonimus*)(肺吸虫)、线虫、猫心丝虫以及猫哮喘。气管冲洗显示存在大量嗜酸性粒细胞和少量巨噬细胞(图 C14-1)，还可见到一些大的卵圆形铁锈色带卵盖的虫卵(图 C14-2)，因此，确诊为并殖吸虫感染。

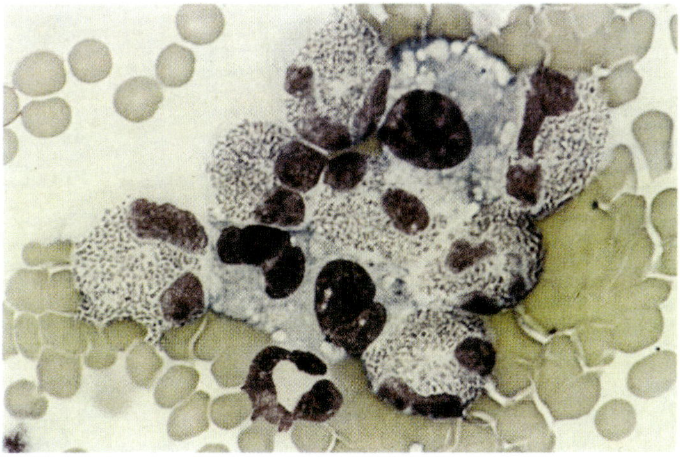

图 C14-1

气管冲洗液。冲洗液内存在大量嗜酸性粒细胞，表明存在过敏、超敏反应、呼吸系统寄生虫或心丝虫感染（100×）。

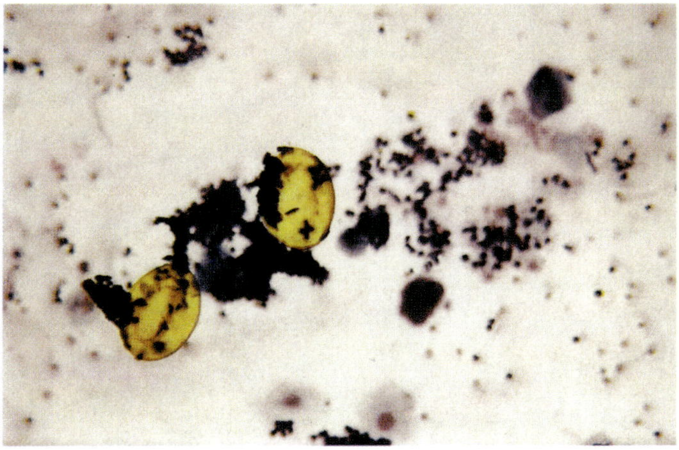

图 C14-2

气管冲洗液。低倍镜检查样品可见一些黄色的卵圆形并殖吸虫卵，在该放大倍数下不能观察到卵的卵盖。这种肺吸虫可引起肺部和呼吸道的严重嗜酸性粒细胞性炎症（20×）。

病例 15　14 岁未绝育雌性可卡犬

病史　该犬呈急性虚脱状态。平时与很多宠物生活在家里，之前病史不清。

临床检查　该犬体况较好，阴道内含有脓性分泌物。$T=37.1$℃，脉搏快，毛细血管再充盈时间延长，中度脱水，黏膜充血。

实验室检查结果

	病犬		参考值
	第 1 天	第 3 天	
红细胞压积(PCV)%	38	31	37～55
血红蛋白(Hgb) g/dL	12.6	10.3	12～18
红细胞计数(RBC)$\times 10^6/\mu L$	5 6	4.6	5.5～8.5
平均红细胞容积(MCV)fL	68	67	60～77
平均红细胞血红蛋白含量(MCH) pg	23	22	19～24
平均红细胞血红蛋白浓度(MCHC) g/dL	33	34	32～36
TPP g/dL	6.7	5.2	6.0～7.5
血小板	ADQ	ADQ	
红细胞形态	正常		
白细胞计数(WBC)/μL	7 700	21 800	6 000～17 000
嗜中性粒细胞	3 773	18 748	3 000～11 500
杆状嗜中性粒细胞	2 233	436	0～300
晚幼粒细胞	154	0	
淋巴细胞	1 155	654	1 000～4 800
单核细胞	308	1 962	150～1 350
中毒性嗜中性粒细胞	2+	—	

腹腔穿刺检查：渗出液内含有变性嗜中性粒细胞和棒状杆菌。

讨论和解释

第 1 天

出现中度脱水，而 PCV 和 TPP 都处于正常值下限，这表明存在贫血和低蛋白血症。白细胞象表现为较低的正常白细胞计数，并伴有严重核左移和中毒性嗜中性粒细胞，这种反应表明血管丰富的大组织或器官存在急性重度炎症。该炎症很严重，耗尽了骨髓贮存池内的成熟嗜中性粒细胞和杆状嗜中性粒细胞，并诱发释放晚幼粒细胞。引起这种反应的原因包括：急性腹膜炎、坏死性胰腺炎、急性化脓性肺炎、急性蜂窝织炎或胃肠道穿孔。由于白细胞计数和分叶嗜中性粒细胞计数较低，且杆状嗜中性粒细胞数量超过分叶核细胞，因此预后不良。必须尽快确定炎症部位，并采取治疗措施。

X线片和腹腔穿刺检查结果显示为急性败血性腹膜炎（图 C15-1）。手术探查显示为伴有子宫穿孔和腹膜炎的急性子宫炎。

第 3 天

由于补液，贫血和低蛋白血症十分明显。贫血可能是由于炎症和手术中出血引起的。在该病例中，除了出血，弥漫性炎症引起的血浆蛋白渗漏，也可能是引起低蛋白血症的原因。白细胞中度增多，伴随轻微核左移和明显的单核细胞增多。淋巴细胞减少表明存在应激。这些变化与炎症部位的摘除相符，且表明成熟嗜中性粒细胞重新入住骨髓嗜中性粒细胞池，以及组织对嗜中性粒细胞的需求减少。预后明显改善。

结果　逐渐康复。单独根据白细胞总数评估白细胞象可能导致错误。当犬病情危重的时候（第 1 天），白细胞总数正常。在恢复期间，白细胞总数增加。但是第 1 天严重的核左移和中毒性嗜中性粒细胞表明了疾病的实际严重程度。

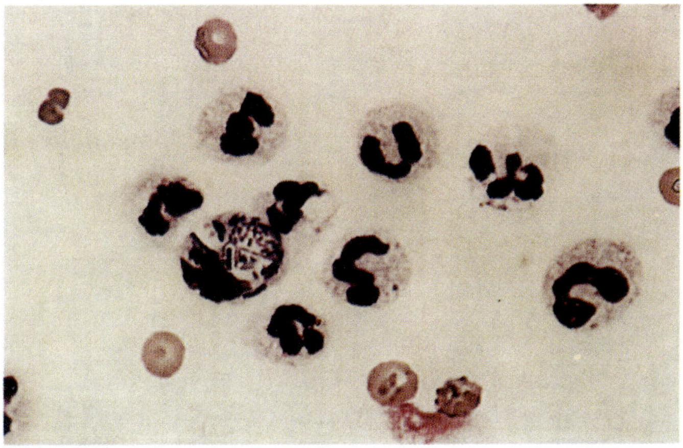

图 C15-1

腹腔液。混有变性和未变性嗜中性粒细胞，细胞内含有被吞噬的杆菌，这表明存在败血性腹膜炎（100×）。

病例 16 9 岁已绝育雌性波斯猫

病史 已给该猫使用了几种药物来治疗呼吸道和泌尿道感染。

临床检查 该猫精神沉郁、倦怠、黏膜苍白。

实验室检查结果

	病猫	参考值
红细胞压积(PCV) %	13	30～40
血红蛋白(Hgb) g/dL	4.2	8.5～15
红细胞计数(RBC)$\times 10^6/\mu L$	2.25	5.2～10
平均红细胞容积(MCV) fL	57	39～55
平均红细胞血红蛋白含量(MCH) pg	19	13～17
平均红细胞血红蛋白浓度(MCHC) g/dL	32	30～36
TPP g/dL	7.1	6.0～7.5
血小板/μL	525 000	>300 000
网织红细胞 %	11	<0.6
绝对网织红细胞数/μL	247 500	<80 000
血浆颜色	正常	
有核红细胞(NRBC)	50/100 WBC	

	病猫	参考值
白细胞计数(WBC)/μL	17 600	5 500～19 500
嗜中性粒细胞	11 440	2 500～12 500
杆状嗜中性粒细胞	176	0～300
淋巴细胞	4 752	1 500～7 000
单核细胞	1 232	0～850
嗜酸性粒细胞	—	0～750

红细胞形态

红细胞大小不等症、大红细胞症、多染性红细胞症：3＋

影细胞：1＋

豪-乔氏小体：2＋

海因茨小体：3＋

讨论和解释

该猫患有明显的再生性贫血，表现为 MCV 升高、红细胞大小不等症、多染性红细胞症、网织红细胞增多症以及有核红细胞增多（图 C16-1 和图 C16-2）。TPP 正常和临床检查排除了出血引起贫血的可能。传染原（如红细胞寄生虫）、免疫介导性疾病、破碎、渗透性溶解和毒素都可引起溶血性贫血。海因茨小体表明存在由药物、化学物质、植物源性或代谢性疾病引起的氧化损伤(图 C16-3 和图 C16-4)。海因茨小体的存在可引起血红蛋白假性升高,以及 MCH 和 MCHC 的升高。在明显的再生性反应中,MCHC 应该降低,但是血红蛋白的假性升高,使得该值处于正常参考值范围内。海因茨小体偶见于猫,但存在明显的再生性贫血时,应该再检查病史,寻找可能引起海因茨小体性溶血的原因。检查先前所用药物后发现,其中一种药物含有亚甲基蓝,该成分是引起海因茨小体性溶血性贫血的一种原因。其他应考虑的药物包括对乙酰氨基酚、对氨基苯甲酸乙酯、*DL*-蛋氨酸、非那吡啶和维生素 K_3。

诊断　药物引起的海因茨小体性溶血性贫血。

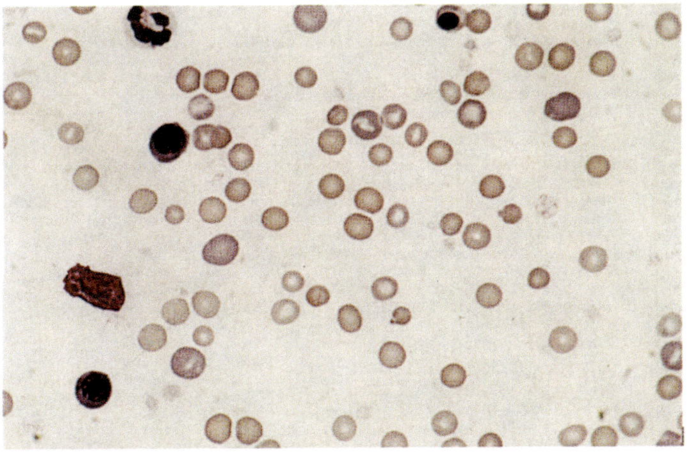

图 C16-1
猫血涂片。红细胞大小不等症、大红细胞症、多染性红细胞症以及一些有核红细胞表明存在再生性贫血(40×)。

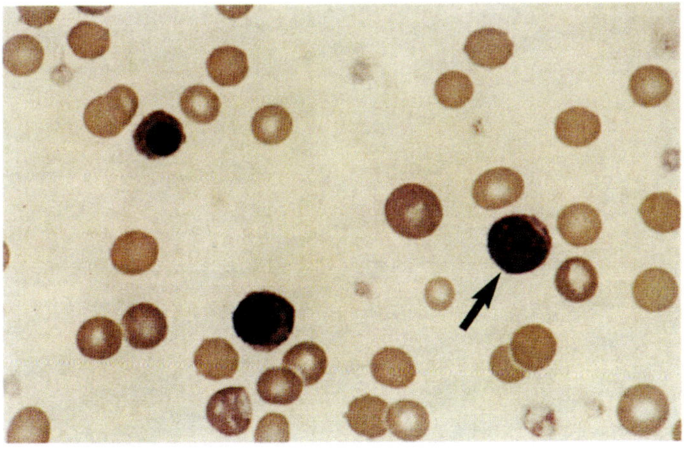

图 C16-2
猫血涂片。两个有核红细胞和一个小淋巴细胞(箭头所指)的比较。血小板数量正常,存在几个多染性大红细胞(100×)。

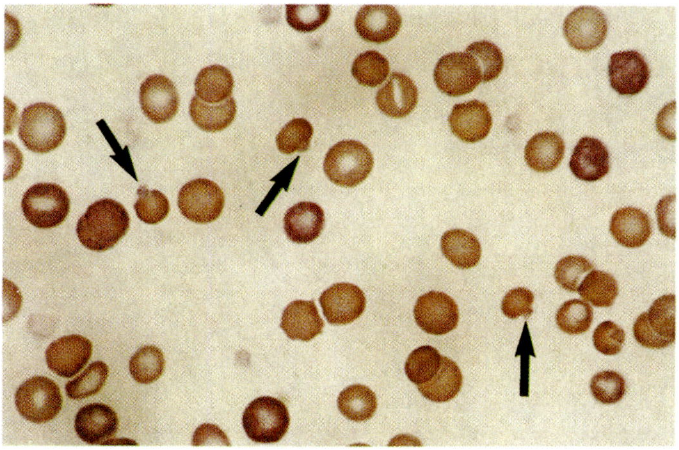

图 C16-3

猫血涂片。可在三个红细胞表面观察到小而圆的突起(箭头所指)。这些包涵体就是由氧化损伤导致的海因茨小体。本病例的再生性贫血是由继发于海因茨小体形成的溶血引起的(100×)。

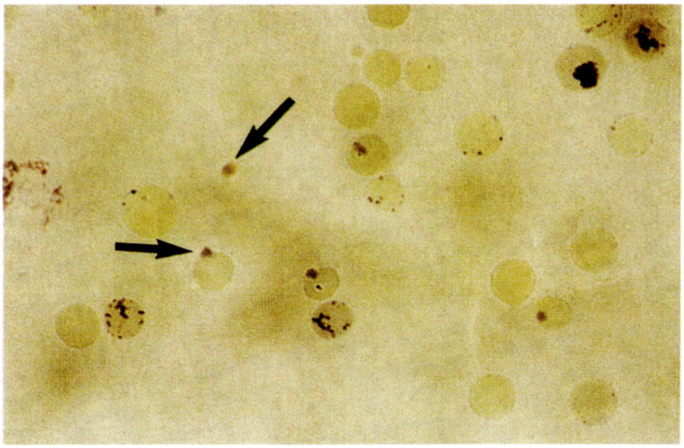

图 C16-4

猫血涂片,网织红细胞染色。网织红细胞很多。可见聚集型网织红细胞和斑点型网织红细胞。海因茨小体是红细胞膜边缘小而圆的青绿色包涵体(箭头所指)(100×)。

病例17 4岁未绝育雌性家养短毛猫

病史 食欲减退，腹部下垂；动物主人认为猫怀孕了。

临床检查 $T=40.2$℃，精神沉郁、脱水，阴道流出血性浆液性分泌物。

实验室检查结果

	病猫	参考值
红细胞压积(PCV) %	28	30～40
血红蛋白(Hgb) g/dL	9.9	8.5～15
红细胞计数(RBC) $\times 10^6/\mu L$	6.6	5.2～10
平均红细胞容积(MCV) fL	42	39～55
平均红细胞血红蛋白含量(MCH) pg	15	13～17
平均红细胞血红蛋白浓度(MCHC) g/dL	33	30～36
TPP g/dL	8.1	6.0～7.5
血小板/μL	410 000	>300 000
网织红细胞 %	0.3	<0.6
绝对网织红细胞数/μL	19 800	<80 000
血浆颜色	正常	
中毒性嗜中性粒细胞	1+	

	病猫	参考值
白细胞计数(WBC)/μL	123 600	5 500～19 500
嗜中性粒细胞	86 520	2 500～12 500
杆状嗜中性粒细胞	22 248	0～300
晚幼粒细胞	3 708	0
淋巴细胞	8 652	1 500～7 000
单核细胞	2 472	0～850
嗜酸性粒细胞	—	0～750

红细胞形态

正常

讨论和解释

根据临床脱水的症状，该猫的血浆蛋白正常，贫血比测得的PCV提示的更为严重。因为网织红细胞计数和红细胞形态都正常，所以该贫血为轻度、非再生性。由于嗜中性粒细胞增多、显著核左移、淋巴细胞增多和单核细胞增多，存在显著的白细胞增多症。嗜中性粒细胞内的Dohle小体表明存在中毒性变化。这种白细胞象与慢性粒细胞性白血病或身体主要器官或体腔的慢性炎症相符。随后的腹部X线片证实为子宫蓄脓。PCV降低是由炎性贫血引起的。

本病例中明显的白细胞反应是由慢性化脓引起的。因为血液学特性与慢性粒细胞性白血病非常相似，所以这种情况称为白血病样反应。大的内部脓肿、脓皮病或体腔蓄脓是常见病因。

诊断 伴有白血病样反应的子宫蓄脓和炎性贫血。

病例 18　10 岁雌性喜乐蒂牧羊犬

病史　精神沉郁，食欲减退，腹部壶状膨大。

临床检查　体温正常，脉搏增加，黏膜苍白，巨大的腹腔肿物，体重明显降低。

实验室检查结果

	病犬	参考值		病犬	参考值
红细胞压积(PCV) %	19	37～55	白细胞计数(WBC)/μL	134 000	6000～17 000
血红蛋白(Hgb) g/dL	5.6	12～15	嗜中性粒细胞	64 320	3 000～11 400
红细胞计数(RBC)×10^6/μL	2.8	5.5～8.5	杆状嗜中性粒细胞	48 240	0～300
平均红细胞容积(MCV) fL	68	60～77	晚幼粒细胞	8 040	0
平均红细胞血红蛋白含量(MCH) pg	20	19～24	中幼粒细胞	1 340	0
平均红细胞血红蛋白浓度(MCHC) g/dL	34	32～36	淋巴细胞	8 040	1 000 ～4 800
			单核细胞	2 680	150～1 350
			嗜酸性粒细胞	—	100～750
			胚细胞	少量	
TPP g/dL	6.4	6.0～7.5			
血浆颜色	正常				
网织红细胞 %	0.2	<1.0			
绝对网织红细胞数/μL	5 600	<80 000			
血小板/μL	23 000	>200 000			
有核红细胞(NRBC)	3/100	WBC			

红细胞形态

正常

讨论和解释

存在严重的血小板减少症以及正细胞正色素性贫血。明显的嗜中性粒细胞性白细胞增多症，伴有严重核左移，包括晚幼粒细胞和中幼粒细胞。中毒性变化不明显，但是观察到了粒细胞的前体细胞——胚细胞(图 C18-1 和图 C18-2)。淋巴细胞和单核细胞增加。对于未绝育的母犬，这类白细胞象意味着存在类似闭合性子宫蓄脓引起的慢性炎症。严重的贫血和血小板减少症，以及大量未成熟的嗜中性粒细胞表明需进行骨髓穿刺检查。腹腔肿物是严重肿大的脾脏。骨髓和脾脏穿刺检查结果显示，大量胚细胞和发育中的嗜中性粒细胞前体弥漫性浸润（图 C18-3 和图 C18-4）。巨核细胞和红细胞前体极少。淋巴结穿刺检查也发现相似细胞。通过这些结果可确诊为慢性粒细胞性白血病。

诊断 慢性粒细胞性白血病。白细胞象与犬的泛发性化脓性炎症相似。但在慢性粒细胞性白血病病例中，通常由于骨髓痨而导致未成熟嗜中性粒细胞的数量与严重贫血和血小板减少的程度不成比例。

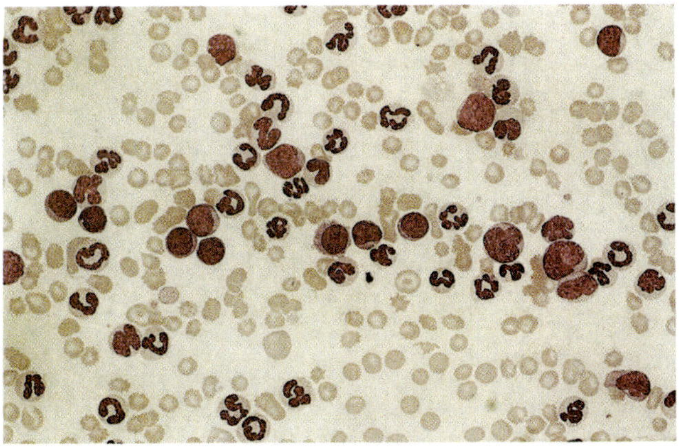

图 C18-1
犬血涂片。由于嗜中性粒细胞增多，存在显著的白细胞增多症，在这个放大倍数下，很难鉴别大的圆形细胞（40×）。

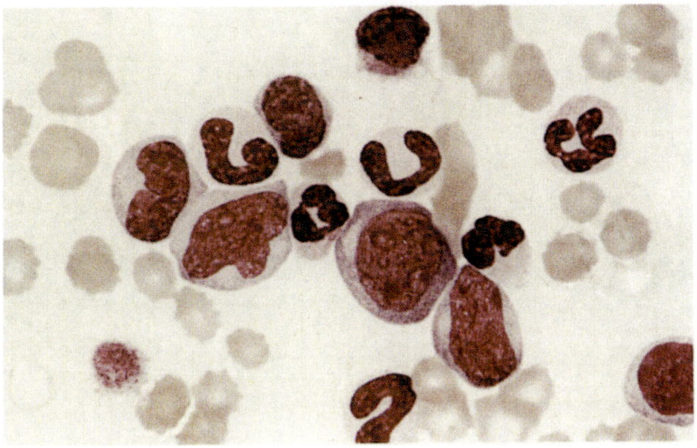

图 C18-2
犬血涂片。可观察到分叶嗜中性粒细胞，但存在大量锯齿状、分叶状或圆形细胞核的未成熟粒细胞。其中的一个大细胞是胚细胞，具有多个核仁。红细胞呈正细胞正色素性，为非再生性贫血。血小板显著减少。这些结果与慢性粒细胞性白血病相符（100×）。

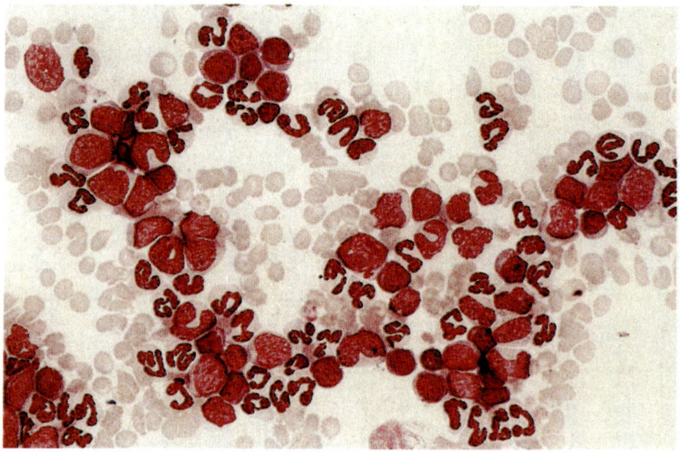

图 C18-3

骨髓涂片。骨髓细胞化，含有许多巨大的未成熟粒细胞和成熟嗜中性粒细胞。红细胞和巨核细胞前体极少(40×)。

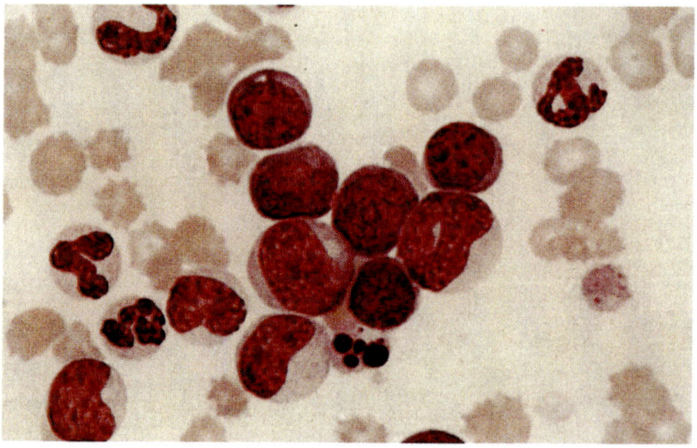

图 C18-4

骨髓涂片。高倍镜下可观察到大量胚细胞，具有淡蓝色胞浆，核呈圆形或椭圆形，核仁明显。血液或骨髓内嗜中性粒细胞的中毒性变化都不明显(100×)。

病例 19 4 岁雄性家养短毛猫

病史 食欲废绝，嗜睡，已持续 3 天。

临床检查 T=40℃，黏膜苍白，轻度脱水。

实验室检查结果

	病猫	参考值
红细胞压积(PCV) %	19	30～40
血红蛋白(Hgb) g/dL	5.8	8.5～15
红细胞计数(RBC)×10^6/μL	2.9	5.2～10
平均红细胞容积(MCV) fL	67	39～55
平均红细胞血红蛋白含量(MCH) pg	14	13～17
平均红细胞血红蛋白浓度(MCHC) g/dL	31	30～36
TPP g/dL	7.9	6.0～7.5
血小板/μL	ADQ	>300 000
网织红细胞 %	9.0	<0.6
绝对网织红细胞数/μL	279 900	<80 000
血浆颜色	黄疸	
有核红细胞(NRBC)	46/100 WBC	

	病猫	参考值
白细胞计数(WBC)/μL	7 100	5 500～19 500
嗜中性粒细胞	3 479	2 500～12 500
杆状嗜中性粒细胞	71	0～300
淋巴细胞	3 124	1 500～7 000
单核细胞	426	0～850
嗜酸性粒细胞	—	0～750

红细胞形态

红细胞大小不等症：3+
大红细胞症：2+
多染性红细胞症：3+
豪-乔氏小体：2+
凝集反应：2+
猫血巴尔通体：大量

讨论和解释

存在严重的再生性贫血，TPP 稍有升高。再生性反应和贫血的严重程度成比例. 其特征为：红细胞大小不等症、大红细胞症、MCV 升高、多染性红细胞症、网织红细胞增多以及晚幼红细胞增多(图 C19-1)。不存在低蛋白血症和临床出血症状，强烈的再生性反应、黄疸性血浆以及凝集反应都与溶血性贫血的反应一致。溶血性贫血的原因包括：传染原、免疫介导性疾病、毒素、破碎及渗透性溶解。红细胞上存在大量猫血巴尔通体(图 C19-2)，加上再生性反应可确诊该猫患有血巴尔通体病。该寄生虫可诱发红细胞发生免疫介导性破坏，常导致直接库姆斯试验呈阳性。

涂片上的血巴尔通体数量每天均可发生显著变化。因此，如果怀疑是该寄生虫，要作出诊断就必须对血涂片进行重复检查。如果采血后没有立即制备血涂片，虫体可能从红细胞上脱离。脱离的虫体会聚集在涂片的羽状边缘。

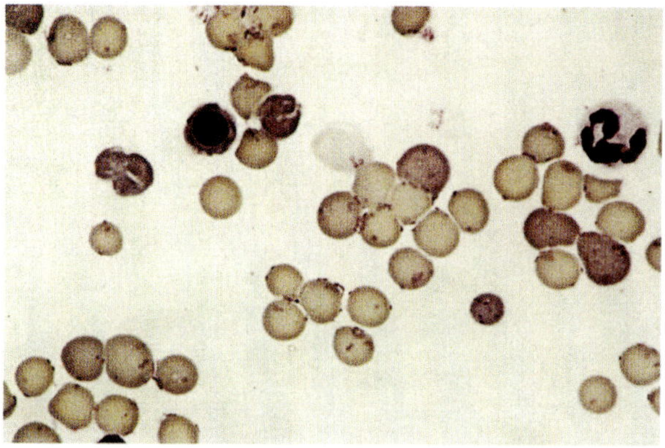

图 C19-1

猫血涂片。显著的多染性红细胞症、红细胞大小不等症以及大红细胞症表明存在再生性贫血。红细胞上可见到嗜碱性小球菌状或棒状虫体。在一些红细胞上可见中央发亮的环状虫体。这些虫体都是猫血巴尔通体，可引起溶血性贫血（100×）。

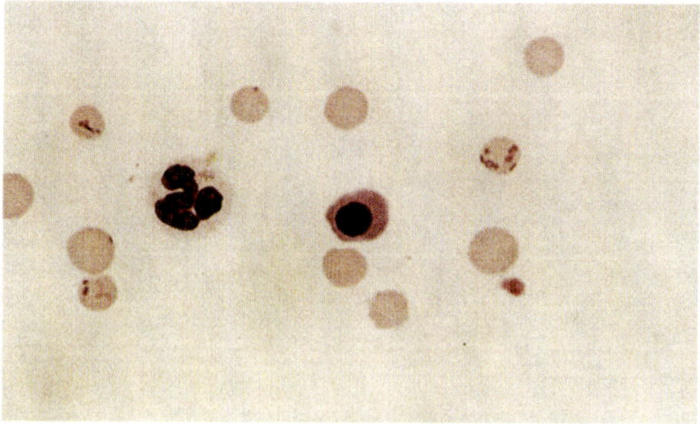

图 C19-2

猫血涂片。在涂片较薄的区域，可观察到红细胞膜上短链状或成群的环状血巴尔通体（100×）。

病例20 9岁雌性金毛猎犬

病史 虚弱、嗜睡、体重降低，已持续5周。

临床检查 犬很警觉，但十分虚弱；黏膜苍白，肝、脾肿大，心脏收缩期杂音。

实验室检查结果

	病犬	参考值		病犬	参考值
红细胞压积(PCV) %	11	37～55	白细胞计数(WBC)/μL	5 800	6 000～17 000
血红蛋白(Hgb)g/dL	3.8	12～15	嗜中性粒细胞	812	3 000～11 400
红细胞计数(RBC)×10^6/μL	1.7	5.5～8.5	杆状嗜中性粒细胞	—	0～300
平均红细胞容积(MCV) fL	64	60～77	淋巴细胞	3 248	1 000～4 800
平均红细胞血红蛋白含量(MCH) pg	24	19～24	单核细胞	232	150～1 350
平均红细胞血红蛋白浓度(MCHC) g/dL	35	32～36	嗜酸性粒细胞	—	100～750
			胚细胞	1 508	
TPP g/dL	7.2	6.0～7.5			
血浆颜色	正常				
网织红细胞 %	0.5	<1.0			
绝对网织红细胞数/μL	8 500	<80 000			
血小板/μL	19 000	>200 000			

红细胞形态

未见异常

讨论和解释

正细胞正色素性贫血，不存在网织红细胞增多症或多染性红细胞症(图C20-1)，这些特点表明贫血是非再生性的。严重的非再生性贫血、血小板减少和嗜中性粒细胞减少同时发生，称为泛细胞减少症。嗜中性粒细胞减少，无核左移。引起这类血象的原因包括：传染原，毒素或药物引起的骨髓损伤，免疫介导性疾病以及肿瘤。由于存在泛细胞减少症，且分类计数时观察到胚细胞(图C20-1和图C20-2)，因此，需要进行骨髓穿刺检查。骨髓穿刺液严重细胞化，且含有大量与血液内胚细胞相似的同源胚细胞(图C20-3)。这些细胞很大，细胞质呈深蓝色，细胞核呈圆形或锯齿状，有一个明显的核仁。红细胞、巨核细胞以及粒细胞的前体罕见。

诊断 急性白血病。肝、脾呈弥漫性胚细胞浸润。

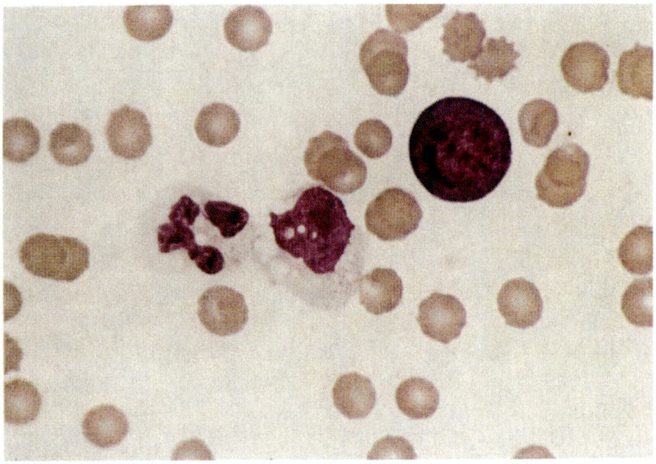

图 C20-1

犬血涂片。存在严重贫血、白细胞减少症和血小板减少症。红细胞为正细胞正色素性，表明贫血是非再生性的。可观察到数个大而深染的胚细胞，尤其与嗜中性粒细胞相比，特别明显（100×）。

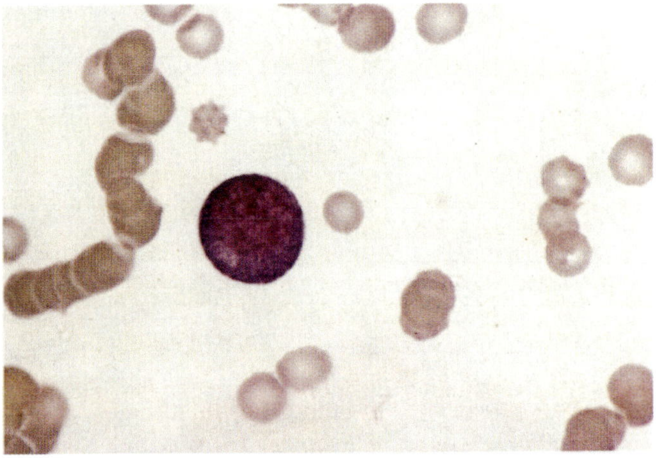

图 C20-2

犬血涂片。大胚细胞，细胞质呈深蓝色，细胞核偏于一侧，呈圆形，多核仁，且具有细胞质亮区（100×）。

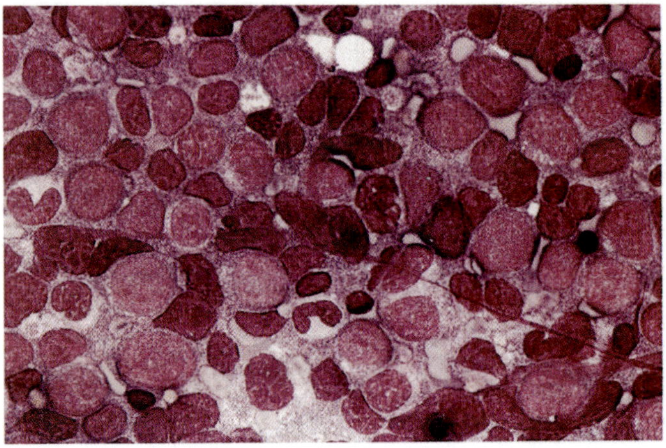

图 C20-3

骨髓涂片。骨髓充满了类似于外周血液内胚细胞的同源胚细胞，很少见到正常的骨髓前体。虽然这例急性白血病病例骨髓大量增生，但在 CBC 中很少见到胚细胞（100×）。

病例21 2岁标准贵妇犬

病史 看起来呼吸短促、倦怠。无脱水的临床表现。

临床检查 体温正常，脉搏快(110 次/min)，黏膜呈砖红色、充血，有时发绀。视网膜、巩膜、舌下的静脉以及颈静脉大而怒张。

实验室检查结果

	病犬	参考值		病犬	参考值
红细胞压积(PCV) %	78	37～55	白细胞计数(WBC)/μL	10 300	6 000～17 000
血红蛋白(Hgb) g/dL	25.7	12～15	嗜中性粒细胞	6 180	3 000～11 400
红细胞计数(RBC)×10^6/μL	12.0	5.5～8.5	杆状嗜中性粒细胞	—	0～300
平均红细胞容积(MCV) fL	65	60～77	淋巴细胞	2 781	1 000～4 800
平均红细胞血红蛋白含量(MCH) pg	20	19～24	单核细胞	721	150～1 350
平均红细胞血红蛋白浓度(MCHC) g/dL	33	32～36	嗜酸性粒细胞	618	100～750
TPP g/dL	7.5	6.0～7.5			
血浆颜色	正常				
网织红细胞 %	—	<1.0			
血小板/μL	180 000	>200 000			
有核红细胞(NRBC)	2/100 WBC				

红细胞形态：

红细胞大小不等症：1+

多染性红细胞症：1+

讨论和解释

不存在严重脱水的情况下，PCV 达 78% 表明存在绝对红细胞增多症。根据病因或发病机理，红细胞增多症可分为原发性和继发性。原发性红细胞增多症是由骨髓增生性疾病或骨髓肿瘤引起的，以产生过量成熟红细胞、动脉氧含量正常和促红细胞生成素浓度正常或降低为特征。继发性红细胞增多症是由于缺氧引起的，缺氧可使促红细胞生成素浓度升高。在血氧充足的情况下，促红细胞生成素生成过多也会导致继发性红细胞增多症。后者相当少见，可见于肾脏、肝脏或肾上腺的肿瘤、囊肿、占位性损伤。该犬的胸部 X 线片显示心脏轮廓呈南瓜状。动脉血气分析证实存在严重的缺氧

(PO_2=32 mmHg,参考值=85～95 mmHg)。血管造影显示存在巨大的室间隔缺损,造成从右心室到左心室的血液短路。大部分全身静脉血不通过肺,导致缺氧。肾脏感受器觉察到血氧含量降低,刺激促红细胞生成素增加。这种激素是骨髓红细胞增生的主要刺激因素(图 C21-1)。

诊断 心脏缺陷造成缺氧而继发绝对红细胞增多症。

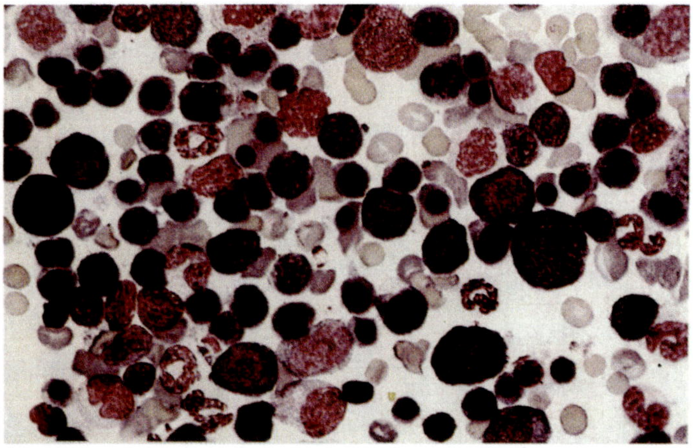

图 C21-1

骨髓涂片。该犬红细胞增多症是由于骨髓内产生过多的红细胞引起的。严重的红细胞增多症证实了这一点。红细胞成熟正常,没有肿瘤存在的迹象。慢性缺氧引起促红细胞生成素分泌增加,从而导致红细胞增多(40×)。

病例22 6岁雄性英国斗牛犬

病史 继往有耳炎病史，经治疗好转。耳炎时，出现轻度贫血和TPP升高。3个月后，外周淋巴结肿大，活动性降低。

临床检查 体重减轻，所有可触到的淋巴结均肿大；体温正常；没有脱水迹象。

实验室检查结果

	病犬	参考值
红细胞压积(PCV) %	30	37～55
血红蛋白(Hgb) g/dL	10.2	12～15
红细胞计数(RBC)$\times 10^6/\mu L$	4.5	5.5～8.5
平均红细胞容积(MCV) fL	67	60～77
平均红细胞血红蛋白含量(MCH) pg	20	19～24
平均红细胞血红蛋白浓度(MCHC) g/dL	34	32～36
TPP g/dL	10	6.0～7.5
血浆颜色	正常	
网织红细胞 %	0.5	<1.0
绝对网织红细胞数/μL	22 500	<80 000
血小板/μL	ADQ	>200 000
红细胞形态	未见异常	

	病犬	参考值
白细胞计数(WBC)/μL	13 800	6 000～17 000
嗜中性粒细胞	11 454	3 000～11 400
杆状嗜中性粒细胞	—	0～300
淋巴细胞	690	1 000～4 800
单核细胞	1 380	150～1 350
嗜酸性粒细胞	138	100～750

讨论和解释

轻微的正细胞正色素性贫血，无再生迹象。由于斗牛犬属短头品种，因此PCV值虽降低，但仍处于参考值下限之上。不存在脱水症状表明高蛋白血症是由高球蛋白血症引起的。PCV和TPP值与以前测得的结果相似，表明这些变化是持续存在的。白细胞象表明存在应激反应或轻度炎症。血涂片上未见到异型淋巴细胞，整个血涂片呈嗜碱性，这与高蛋白血症相符(图C22-1)。需要进行淋巴结细针穿刺和蛋白质电泳检查。

引起全身淋巴结肿大的原因包括：淋巴瘤、全身感染以及免疫介导性疾病。淋巴结穿刺显示存在大量同源性淋巴母细胞，确诊为淋巴瘤。骨髓穿刺检查显示相似的浸润(图C22-2)。血清蛋白电泳显示出现明显的单克隆γ球蛋白病，这是导致高蛋白血症的原因。淋巴结肿瘤可以产生极高水平的单一免疫球蛋白，在电泳中形成一个单克隆高峰。大多数淋巴瘤患犬都不存在明显的血液异常，最常见的变化是轻度非再生性贫血和成熟嗜中性粒细胞增多。这两种变化都是由存在的肿瘤引起的。患淋巴瘤的犬或猫，很少出现绝对淋巴细胞增多症。

诊断　伴有单克隆 γ 球蛋白病的淋巴瘤。

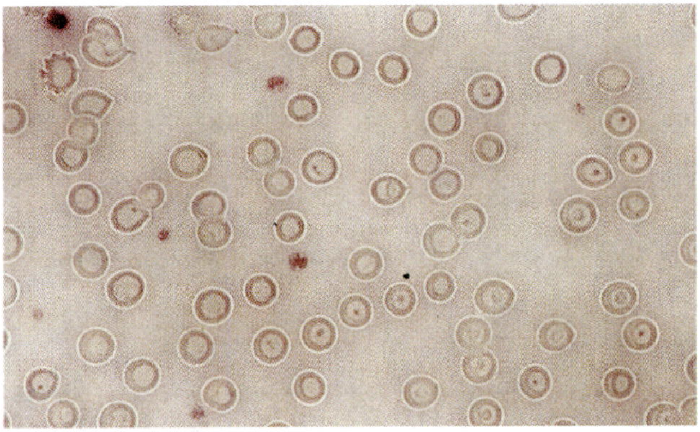

图 C22-1

犬血涂片。显著的高蛋白血症形成了深蓝色背景，使红细胞膜显得更加明显。红细胞形态没有表现出再生的迹象。血小板减少（100×）。

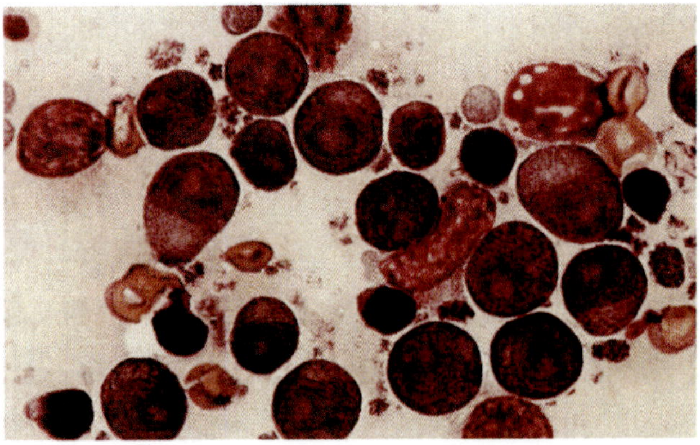

图 C22-2

骨髓涂片。正常的粒细胞和红细胞被大量具有单个突出核仁的大淋巴母细胞取代（100×）。

病例 23 9 岁已去势雄性杂种犬

病史 使用补血药治疗贫血 2 周。体重中度降低。已持续 2 天食欲减退、极度虚弱。腹部膨大。

临床检查 体温正常，黏膜苍白且呼吸急促。腹腔穿刺检查显示存在大量血水。犬极度虚弱和虚脱。

实验室检查结果

	病犬	参考值
红细胞压积(PCV) %	22	37～55
血红蛋白(Hgb)g/dL	6.8	12～18
红细胞计数(RBC)$\times 10^6/\mu L$	2.68	5.5～8.5
平均红细胞容积(MCV) fL	79	60～77
平均红细胞血红蛋白含量(MCH) pg	25	19～24
平均红细胞血红蛋白浓度(MCHC) g/dL	31	32～36
TPP g/dL	5.1	6.0～7.5
血浆颜色	正常	
网织红细胞 %	19	<1.0
绝对网织红细胞数/μL	509 000	<80 000
血小板/μL	99 000	>200 000
有核红细胞(NRBC)	28/100 WBC	

	病犬	参考值
白细胞计数(WBC)/μL	28 100	6 000～17 000
嗜中性粒细胞	23 323	3 000～11 400
杆状嗜中性粒细胞	562	0～300
淋巴细胞	1 124	1 000～4 800
单核细胞	3 091	150～1 350
嗜酸性粒细胞	—	100～750

红细胞形态：

红细胞大小不等症、多染性红细胞症、异形红细胞症：3+

大红细胞、棘形红细胞增多：2+

裂红细胞、豪-乔氏小体：1+

讨论和解释

存在明显的再生性贫血，表现为红细胞大小不等症、多染性红细胞症、网织红细胞增多、晚幼红细胞增多以及 MCV 升高和 MCHC 降低。低蛋白血症、无黄疸以及腹部出血，可确诊为失血性贫血，且已持续数天。凝血试验表现为凝血酶原时间、活化部分凝血酶原时间以及纤维蛋白降解产物中度增加。这些变化加上中度血小板减少和裂红细胞(图 C23-3)，表明存在弥散性血管内凝血(DIC)。白细胞象显示嗜中性粒细胞中度增多、轻度核左移和单核细胞增多,这些都与炎症和组织坏死相符。血涂片上存在大量棘形红细胞(图C23-1和图C23-2),且通常与肝脏中的血管肉瘤有关。CBC结果、病史以及腹部出血都与血管肉瘤相符。

诊断　伴有炎性白细胞象的出血性贫血和DIC。手术探查发现脾脏血管肉瘤破裂,并在肝脏内观察到大量转移病灶。

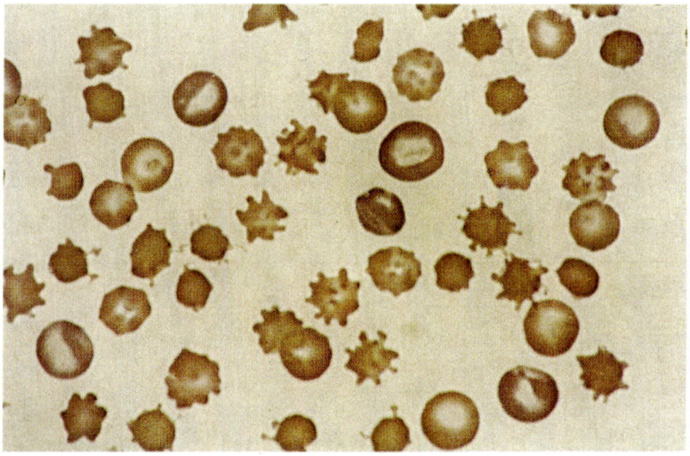

图 C23-1

犬血涂片。红细胞大小不等症、多染性红细胞症以及大红细胞症表明存在再生性贫血。大量棘形红细胞的存在导致了显著的异形红细胞症。这些红细胞的细胞膜上含有不规则的、长度不等的圆形指状突起。血小板数量减少(100×)。

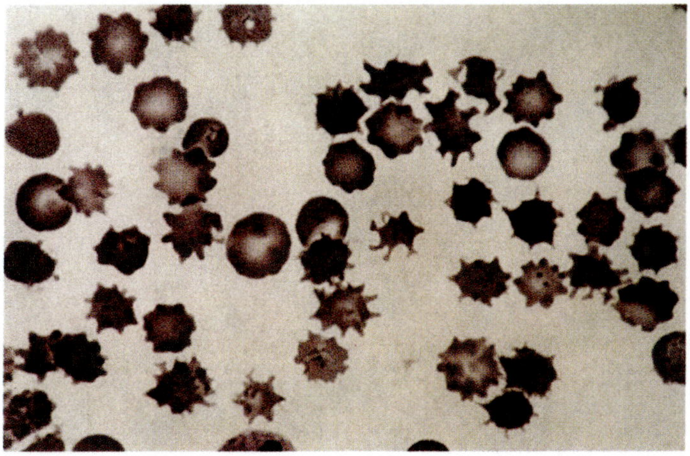

图 C23-2

犬血涂片。存在大量棘形红细胞和棘球红细胞。患有贫血和血小板减少症的病犬出现棘形红细胞，意味着应该考虑与肝脏有关的血管肉瘤（100×）。

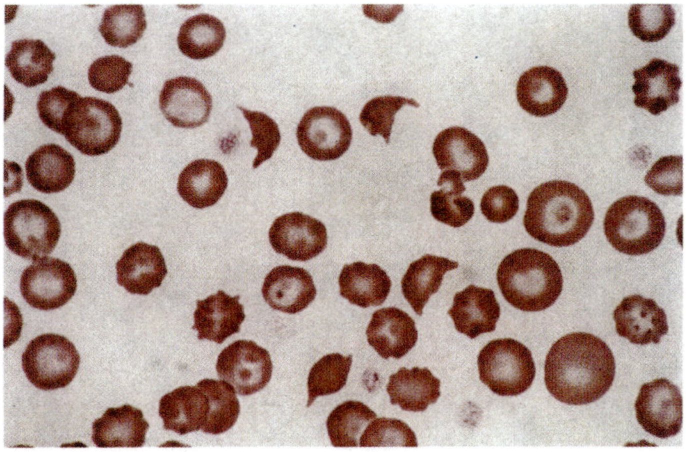

图 C23-3

犬血涂片。显著的血小板减少症，存在数个裂红细胞或红细胞碎片表明发生了血栓或 DIC。需进行凝血试验（100×）。

病例 24　9 岁已绝育雌性威尔士柯基犬

病史　血尿及虚弱，已持续 5 天。

临床检查　黏膜苍白且存在黑粪症，大量出血斑，腹部触诊疼痛。

实验室检查结果

	病犬	参考值
红细胞压积(PCV) %	24	37～55
血红蛋白(Hgb) g/dL	8.4	12～18
红细胞计数(RBC)×10^6/μL	2.67	5.5～8.5
平均红细胞容积(MCV) fL	90	60～77
平均红细胞血红蛋白含量(MCH) pg	31.5	19～24
平均红细胞血红蛋白浓度(MCHC) g/dL	34	32～36
TPP g/dL	5.0	6.0～7.5
血浆颜色	正常	
网织红细胞 %	8	<1.0
绝对网织红细胞数/μL	480 600	<80 000
血小板/μL	3 000	>200 000
有核红细胞(NRBC)	34/100 WBC	

	病犬	参考值
白细胞计数(WBC)/μL	44 900	6 000～17 000
嗜中性粒细胞	34 124	3 000～11 400
杆状嗜中性粒细胞	4 939	0～300
淋巴细胞	898	1 000～4 800
单核细胞	3 143	150～1 350
嗜酸性粒细胞	1 347	100～750

红细胞形态

红细胞大小不等症、多染性红细胞症、大红细胞症：3+

讨论和解释

大红细胞症、网织红细胞增多症、多染性红细胞症、晚幼红细胞增多症以及红细胞大小不等症，表明存在再生性贫血。低蛋白血症、血尿、出血斑和黑粪症，表明贫血是血小板严重减少引起出血造成的(图 C24-1)。也可能是溶血性贫血。嗜中性粒细胞性白细胞增多，伴有核左移和单核细胞增多表明存在炎症，且可能伴有组织坏死。淋巴细胞减少是由应激引起的。如果嗜酸性粒细胞持续增多表明存在超敏反应。凝血试验(PT、PTT、FDP)正常。直接库姆斯试验以及埃利希体、莱姆病和洛基山斑疹热抗体滴度检测都呈阴性。

需进行骨髓穿刺检查以评估血栓形成。骨髓细胞化，表现为未成熟和成熟巨核细胞增多(图 C24-2)。还可见到红细胞增生。这些结果表明血小板减少是由于破坏增加而不是生成减少所致的。

诊断　拟诊为免疫介导性血小板减少症。经泼尼松和硫唑嘌呤治疗，犬病情好转。

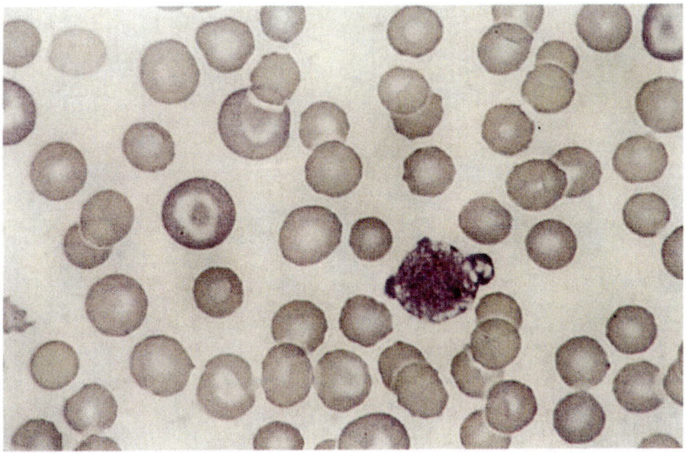

图 C24-1

犬血涂片。显著的再生性贫血和血小板减少症。中间大而圆的粒状结构是一个巨大的血小板。对于血小板严重减少的患病动物，常可见巨核细胞细胞质的大碎片(100×)。

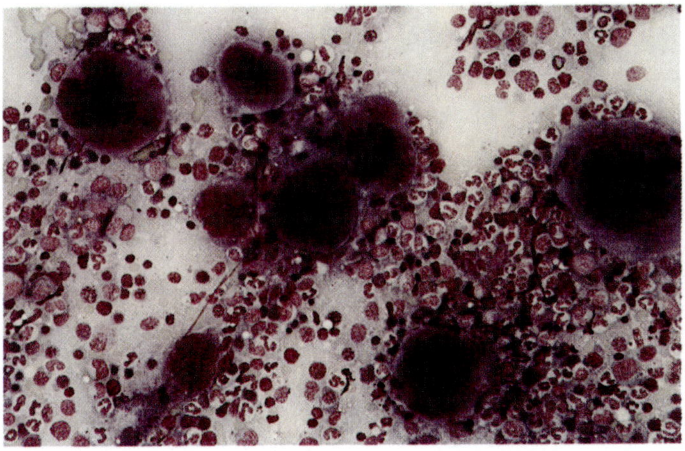

图 C24-2

骨髓涂片。骨髓检查有助于血小板减少症动物的诊断。视野中出现大量巨核细胞，表明血小板减少是由于破坏增加而不是生成减少所致的(25×)。

病例 25　11 岁已绝育雌性巴吉度猎犬

病史　该犬 8 天前进行了脾切除术，前来拆线和复查。剖腹手术中发现腹腔积血和巨大脾脏血肿。手术时 PCV 为 25%。

临床检查　腹部切口愈合正常。TPR 正常。可视黏膜呈粉色，毛细血管再充盈时间正常。

实验室检查结果

	病犬	参考值
红细胞压积(PCV) %	30	37～55
血红蛋白(Hgb) g/dL	10.7	12～18
红细胞计数(RBC)×10^6/μL	4.9	5.5～8.5
平均红细胞容积(MCV) fL	62	60～77
平均红细胞血红蛋白含量(MCH) pg	22	19～24
平均红细胞血红蛋白浓度(MCHC) g/dL	35	32～36
TPP g/dL	7.0	6.0～7.5
血浆颜色	正常	
网织红细胞 %	1.3	<1.0
绝对网织红细胞数/μL	63 700	<80 000
血小板/μL	ADQ	>200 000

	病犬	参考值
白细胞计数(WBC)/μL	7 000	6 000～17 000
嗜中性粒细胞	5 600	3 000～11 400
杆状嗜中性粒细胞	—	0～300
淋巴细胞	630	1 000～4 800
单核细胞	560	150～1 350
嗜酸性粒细胞	140	100～750

红细胞形态

多染性红细胞症：1+

讨论和解释

除了应激引起的淋巴细胞减少，白细胞象基本正常。轻度正细胞正色素性贫血，伴有很轻微的网织红细胞反应。因为 PCV 接近正常，这些结果表明再生性反应不足或是正在减轻。所有贫血动物都应做血涂片检查，检查红细胞的大小、形状、颜色以及包涵体。血涂片检查显示存在中等数量球菌状、嗜碱性红细胞寄生虫(图 C25-1)，虫体呈链状排列且分支。虫体的形态与犬血巴尔通体相符。

对于脾摘除的犬或接受糖皮质激素、化疗、免疫抑制药物治疗的犬，由于血管外溶血，犬血巴尔通体会引起轻度贫血。该寄生虫可经输血或节肢动物的叮咬传播。该犬手术中接受了输血，随后证明献血动物为病原携带者。

诊断 犬血巴尔通体引起的轻度贫血。经四环素治疗，犬安然痊愈。

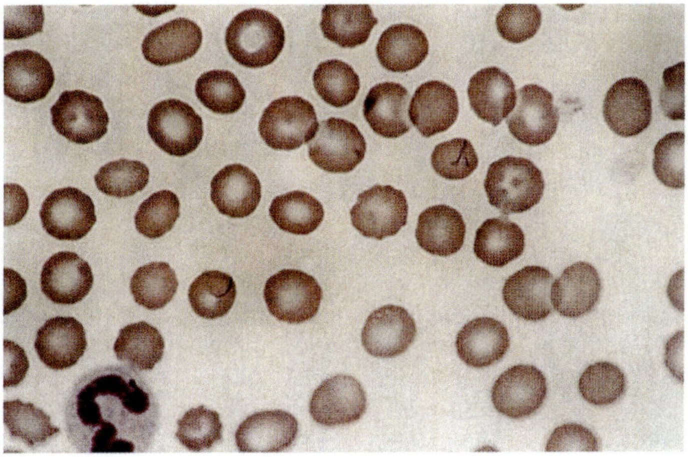

图 C25-1

犬血涂片。在两个红细胞表面可见嗜碱性小球菌链。对于脾摘除的犬或使用免疫抑制药物的犬，犬血巴尔通体可引起轻度到中度的溶血性贫血。

病例 26　7 岁雄性家养短毛猫

病史　主诉该猫大量饮水，体重减轻，食欲减退。

临床检查　该猫精神沉郁，轻度脱水，体况差。

实验室检查结果

	病猫	参考值		病猫	参考值
红细胞压积(PCV) %	20	30～40	白细胞计数(WBC)/μL	8 000	5 500～19 500
血红蛋白(Hgb) g/dL	6.8	8.5～15	嗜中性粒细胞	7 200	2 500～12 500
红细胞计数(RBC)×10^6/μL	4.0	5.2～10	杆状嗜中性粒细胞	—	0～300
平均红细胞容积(MCV) fL	50	39～55	淋巴细胞	560	1 500～7 000
平均红细胞血红蛋白含量(MCH) pg	17	13～17	单核细胞	240	0～850
平均红细胞血红蛋白浓度(MCHC) g/dL	34	30～36	嗜酸性粒细胞	—	0～750
TPP g/dL	7.9	6.0～7.5			
血小板/μL	ADQ	>300 000			
网织红细胞 %	0.4	<0.6			
绝对网织红细胞数/μL	16 000	80 000			
血浆颜色	正常				

红细胞形态

存在少量海因茨小体

讨论和解释

CBC 显示中度正细胞正色素性贫血，无再生迹象。脱水引起高蛋白血症。白细胞象显示淋巴细胞明显减少，这可能是由于应激或淋巴细胞的丢失或"扣押"引起的。后者的例子包括乳糜渗出或蛋白质丢失性肠病，无胃肠道症状和胸部 X 线检查排除了这些可能。血涂片检查没有显著异常。

骨髓穿刺检查显示骨髓细胞化、M：E 升高、铁存贮正常以及巨核细胞充足。粒细胞和有限的红细胞的成熟情况正常。根据嗜中性粒细胞计数正常和中度非再生性贫血，M：E 的升高是由于红细胞的活性降低引起的，而不是由于粒细胞生成增加(图 C26-1)。应该考虑红细胞系抑制的原因。血清生化结果显示严重的氮质血症(尿素氮＝205 mg/dL，肌苷＝11.9 mg/dL)。尿液分析为等渗尿和严重的蛋白尿，可见非活性沉积物。经过输液治疗和利尿，氮质血症和尿比重未见好转。这些结果与伴有严重蛋白尿的慢性肾病相符。贫血是由于促红细胞生成素生成减少引起骨髓中红细胞的生成减少。由于不存在再生性贫血或特定的代谢性紊乱，海因茨小体为偶见现象。

诊断　由慢性肾病（肾脏淀粉样变性）引起的非再生性贫血。

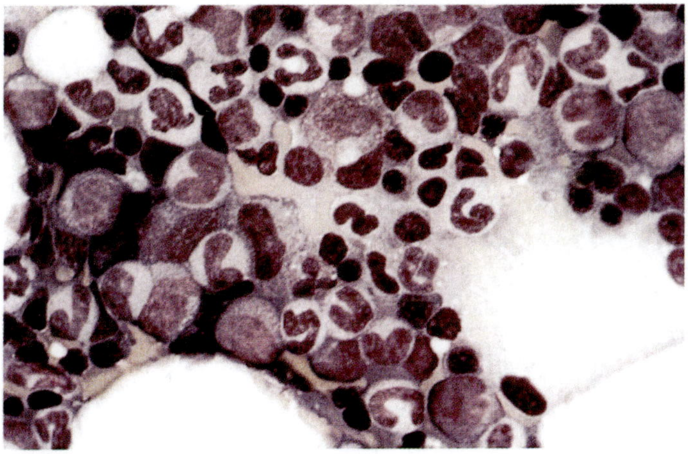

图 C26-1

猫骨髓涂片。在非再生性贫血病例中，骨髓检查在确定贫血原因和发病机理时是十分有意义的。在该猫，肾病导致促红细胞生成素生成减少，引起红细胞再生不良。粒细胞数不变，红细胞数减少，因此骨髓中的 M∶E 升高（40×）。

病例 27　12 岁雄性杂种犬

病史　4 天前，该犬由于良性前列腺肥大入院，准备接受去势手术。触诊未发现肿瘤，但前列腺对称性肿大，且排尿、排粪困难。此犬以前健康状况很好，无重大病史，无出血史。手术顺利，但术后 4 天在腹侧出现淤血点和淤血斑。

实验室检查结果

	病犬	参考值
红细胞压积(PCV) %	44	37～55
血红蛋白(Hb) g/dL	14	12～18
红细胞计数(RBC)×10^6/μL	6.2	6～8
平均红细胞容积(MCV) fL	71	60～77
平均红细胞血红蛋白浓度(MCHC) g/dL	34	31～35
平均红细胞血红蛋白含量(MCH) pg	22.5	19～24
TPP g/dL	7.3	6.0～8.0
血小板/μL	35 000	200～400*
血小板形态	椭圆形，大	

	病犬	参考值
白细胞计数(校正)/μL	2 200	6 000～17 500
嗜中性粒细胞	800	3 000～11 500
杆状嗜中性粒细胞	0	0～400
淋巴细胞	1 200	1 000～4 800
单核细胞	200	150～1 350
嗜酸性粒细胞	0	100～1 250
嗜碱性粒细胞	0	0

凝血试验	病犬	参考值
凝血酶时间(TT) s	12	(12:标准对照值)
PT s	11	(12:标准对照值)
APTT s	18	(18:标准对照值)

PT 是凝血酶原时间；APTT 是活化部分凝血酶原时间。凝血试验中，患病动物所测得的值与对照值相差 30%时，认为差异显著。

讨论和解释

血象显示严重的血小板减少症和白细胞减少症，白细胞减少以嗜中性粒细胞减少为特征。因为不存在核左移，嗜中性粒细胞减少很可能是由于骨髓生成紊乱引起的。凝血试验正常。

应该考虑同时发生嗜中性粒细胞减少症和血小板减少症的原因。根据患病动物近期病史及其急性发作，应该考虑药物和感染性因素。在等待立克次氏体血清学试验结果时，应该先使用适当的抗生素治疗，特别是该犬嗜中性粒细

* 疑为 200 000～400 000 之误。——译者注

胞显著减少,更应该使用适当的抗生素。还应考虑进行骨髓检查。

该犬出现上述症状时,已不再接受药物治疗。埃利希体滴度显著升高。相应的治疗对患犬效果很好。这是一例感染过程中继发免疫介导性血小板减少症的例子。

病例 28　7 岁已绝育雌性杂种犬

病史　针对重症监护病房患犬进行紧急会诊。该犬由于肉瘤刚进行了广泛的肠管切除术。手术中，用真空收集的腹腔血液给它进行了自体输血。术后 24 h 内，它接受了 3 个单位的、经交叉配血试验相符的全血（血型与该犬一样），以补充术中和术后的失血。术后，从腹腔引流管和静脉穿刺部位有血液持续渗出。以前没有出血病史，而且术前 24 h 做的止血试验与对照值相似。后肢可见淤血点和紫癜。胸部 X 线片显示正常，血液培养物呈阴性。

实验室检查结果

	病犬	参考值		病犬	参考值
红细胞压积(PCV) %	22	37～55	白细胞计数(校正)/μL	10 800	6 000～17 500
血红蛋白(Hb) g/dL	7.6	12～18	嗜中性粒细胞	7 750	3 000～11 500
红细胞计数(RBC)×10^6/μL	3.2	6～8	杆状嗜中性粒细胞	750	0～400
平均红细胞容积(MCV) fL	65	60～77	淋巴细胞	1 300	1 000～4 800
平均红细胞血红蛋白浓度(MCHC) g/dL	31.5	31～35	单核细胞	900	150～1 350
平均红细胞血红蛋白含量(MCH) pg	20	19～24	嗜酸性粒细胞	100	100～1 250
网织红细胞%	0	0～1.5	嗜碱性粒细胞	0	0
TPP g/dL	5.7	6.0～8.0			
纤维蛋白原浓度 mg/dL	200	200～400			
血小板/μL	23 000	200 000～400 000			
有核红细胞(NRBC)	4/100 WBC				

形态

红细胞：异形/细长

白细胞：中毒性嗜中性粒细胞

血小板：很多，巨大

凝血试验

凝血酶时间(TT) s	20	(12：标准对照值)
凝血酶原时间(PT) s	19	(12：标准对照值)
活化部分凝血酶原时间(APTT) s	31	(18：标准对照值)
纤维蛋白原降解产物(FDP) μg/mL	0	(＜10)
抗凝血酶Ⅲ%	71	(＞85)
栓溶二聚体(D-dimers)	10	(0)

栓溶二聚体(D-dimers)是用于犬特异性试验的特异性纤维蛋白原降解产物。

讨论和解释

该犬表现为急性失血性贫血，是严重的正细胞正色素非再生性贫血。该病例出现了有核红细胞——晚幼红细胞，可以认为这是一种急性应答。考虑到参考值范围和病犬的年龄（老龄犬的总蛋白浓度高于年轻犬），血浆蛋白显著降低。血小板计数显著减少。大血小板的出现可能是对血小板减少的急性积极反应。

该犬患有 DIC。DIC 总是继发于严重的原发病。引起该犬 DIC 的可能原因包括手术创伤、肿瘤，还有可能是输血反应（尽管做了配血试验）。

病例 29　5 岁未去势雄性杂种犬

病史　21:00 的时候，该犬被西部菱形背纹响尾蛇（Crotalus atrox）咬伤左前肢的脚趾部位，40 min 内被带到急救诊所。检查发现它的左前腿，主要是脚爪区域，疼痛肿胀。生命指征正常。固定左前肢，在右前肢内进行静脉输液。经过一夜，肿胀扩散到整个左腿，且疼痛区域蔓延至左侧腋窝。第 2 天，发展为腹部疼痛，且呕吐。早上经皮肤测试后，在数小时内给予了 10 瓶多价抗蛇毒血清（响尾蛇）。第 3 天，给该犬口服止疼药，爪和腿的功能得到了恢复。下表包含了值得注意的实验室检测结果。

检测时间	病犬 第 1 天 22:00	病犬 第 1 天 04:00	病犬 第 2 天 22:00	病犬 第 3 天 10:00	参考值
血红蛋白（Hb）g/dL	14.0	12.9	12.2	11.5	12～18
红细胞压积（PCV）%	40.0	37.7	35.3	28.8	37～55
血小板/μL	ND	30 000	115 000	196 000	200～400*
凝血酶原时间（PT）s	11.5	>120	13.0	11.9	12:标准对照值
活化部分凝血酶原时间（APTT）s	35.9	>120	30.4	28.8	18:标准对照值
纤维蛋白原 mg/dL	100	<50	<50	240	200～400

讨论和解释

该犬出现进行性中度贫血是输液治疗的反应。在就诊时，病犬纤维蛋白原浓度确实较低。6 h 后，没有检测到纤维蛋白原，血小板计数显著降低，PT 和 APTT 延长。病犬在 24 h 内临床表现有所改善，实验室检验结果也证实了这一点。

这是一例蛇毒继发 DIC 的病例。随时间进行的这些检测很有趣，特别是最后犬被救活了。

* 疑为 200 000～400 000 之误。——译者注

13

自测题

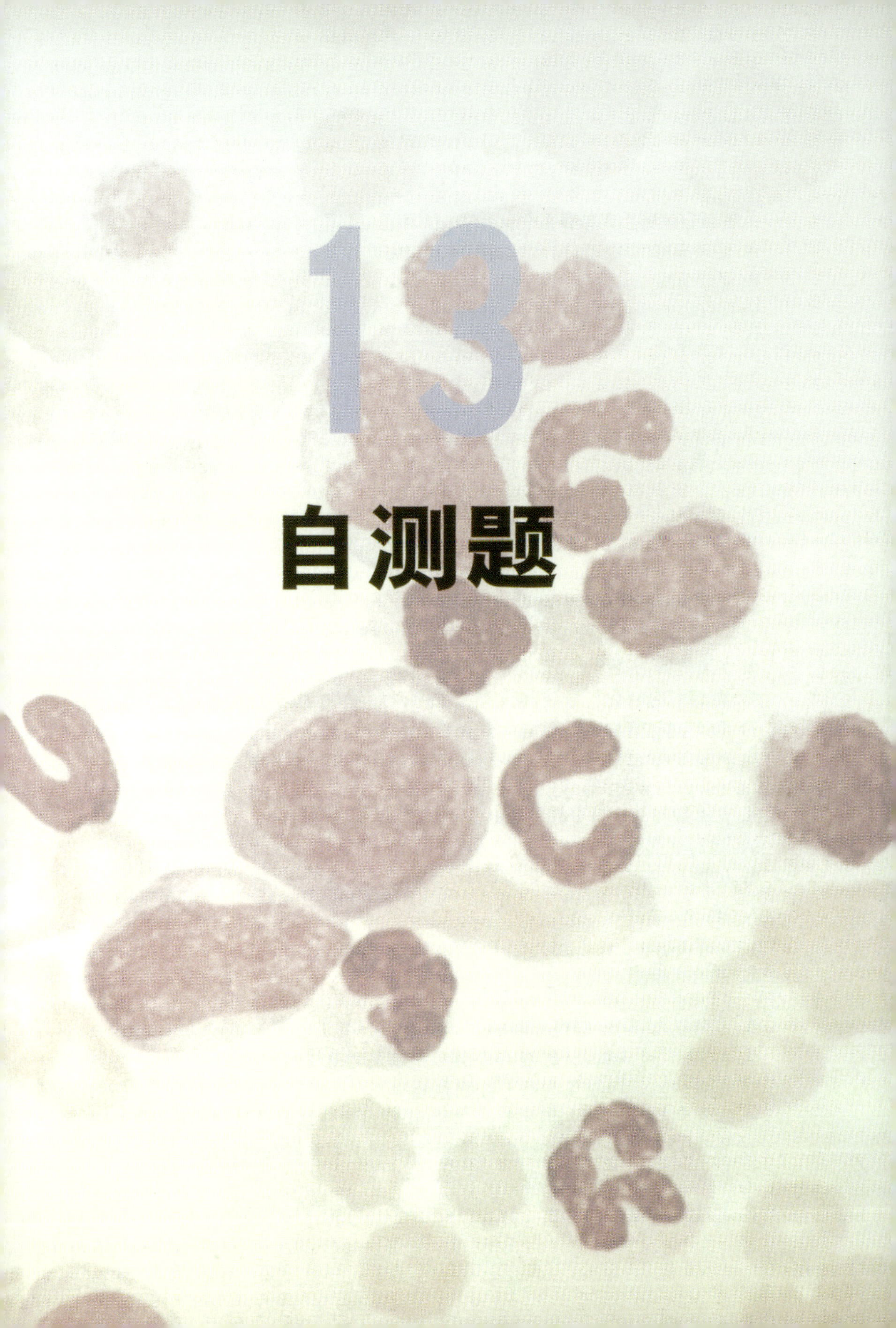

问题

1. 下列叙述哪个是错误的？
A. 促红细胞生成素可刺激红细胞（RBC）生成。
B. 促红细胞生成素可刺激白细胞（WBC）生成。
C. 促红细胞生成素可刺激血小板生成。
D. 促红细胞生成素是由肾脏产生的。
E. 上述全错。

2. 下列叙述哪个/些是正确的？
A. 正常犬的红细胞可存活约 100 天。
B. 正常猫的红细胞可存活 80～90 天。
C. 犬每天约有 1%的循环红细胞被替换。
D. 衰老的红细胞被脾脏、骨髓和肝脏的巨噬细胞吞噬和代谢。
E. 上述都正确。

3. 下列叙述哪个是错误的？
A. 红细胞的主要功能是把氧气运送至组织细胞，并把二氧化碳从组织细胞带走。
B. 红细胞的主要代谢途径是无氧糖酵解。
C. 血红蛋白氧化可导致高铁血红蛋白血症和/或形成海因茨小体。
D. 和犬血红蛋白相比，猫血红蛋白不易被氧化。
E. 猫比犬更容易形成海因茨小体和发生海因茨小体性溶血性贫血。

4. 表面带有 2～10 个钝的指状突起的异形红细胞称为：
A. 棘形红细胞。
B. 卵圆红细胞。
C. 偏心红细胞。
D. 裂红细胞。
E. 锯齿状细胞。

5. 下列叙述哪个/些是正确的？
A. 血涂片上，锯齿状红细胞是最少见的人为造成的异常。
B. 锯齿状红细胞最易与球形红细胞混淆。
C. 在用 EDTA 抗凝的血涂片上，锯齿状红细胞比新鲜非抗凝血涂片更明显。
D. 血涂片上，锯齿状红细胞只选择性出现于某些红细胞，而异形红细胞症则可影响所有的红细胞。
E. 上述都正确。

6. 再生性贫血：
A. 在常规染色的血涂片上，以多染性红细胞增加为特征。
B. 网织红细胞计数超过 80 000/μL 的贫血。
C. 是出血或溶血引起的。
D. 网织红细胞绝对计数是最好的确诊方法。
E. 上述都正确。

7. 哪种贫血引起网织红细胞计数达 100 000/μL，且血浆总蛋白降低？
A. 失血性贫血。
B. 溶血性贫血。
C. 细胞质成熟缺陷性贫血。
D. 核成熟缺陷性贫血。
E. 再生障碍性贫血。

8. 可引起免疫介导性溶血的疾病有：
A. 心丝虫病。
B. 淋巴瘤。
C. 红斑狼疮。
D. 与某些药物接触后。
E. 上述都可引起。

9. 下列叙述哪个是正确的？
A. 成熟缺陷性贫血外周血液表现为非再生性贫血血象，骨髓内红细胞增生。
B. 成熟缺陷性贫血外周血液表现为再生性贫血血象，骨髓内红细胞增生。
C. 成熟缺陷性贫血外周血液表现为非再生性贫血血象，骨髓内红细胞再生不良。
D. 成熟缺陷性贫血外周血液表现为再生性和非再生性贫血血象，骨髓发生纤维化。
E 上述都不正确。

10. 下列关于红细胞增多症的叙述哪个/些是错误的？
A. 红细胞增多症的定义为循环红细胞数量增加。
B. 当 PCV 值大于 65%时，会出现血液黏滞性过高、灌注性差以及组织氧化。
C. 暂时性红细胞增多症可由脾收缩引起。
D. 红细胞增多症可分为相对性、暂时性和绝对性三类。
E. 大多是由真性红细胞增多症引起的。

11. 相对红细胞增多症的实验室检验特点包括：
A. PCV 中度增加。
B. 总蛋白浓度升高。
C. 高钠血症和高氯血症。
D. 尿比重增加。
E. 上述都是。

12. 下列叙述哪个/些是正确的？
A. 嗜中性粒细胞是抵抗微生物入侵机体的主要屏障。
B. 嗜中性粒细胞可杀死细菌，还可以摧毁或参与破坏霉菌因子、藻类和病毒。
C. 嗜中性粒细胞通过定向转移或趋化作用在炎症部位或细菌感染部位聚集。
D. 在炎症部位，嗜中性粒细胞具有吞噬和杀灭微生物的活性。
E. 上述都正确。

13. 下列哪个因素可以影响外周血液中的嗜中性粒细胞计数？
A. 骨髓生成和释放速度的变化。
B. 嗜中性粒细胞边缘池和嗜中性粒细胞循环池之间的交换。
C. 组织需求。
D. 皮质类固醇。
E. 上述都可以。

14. 嗜中性粒细胞减少症的发病机理包括：
A. 组织需求或消耗增加。
B. 骨髓生成减少。
C. 粒细胞生成障碍。
D. 从嗜中性粒细胞循环池到嗜中性粒细胞边缘池的转移增加。
E. 上述都包括。

15. 嗜中性粒细胞增多症的原因不包括下面哪种？
A. 肾上腺素释放。
B. 糖皮质激素释放。
C. 炎症。
D. 出血。
E. 内毒素血症。

16. 以成熟嗜中性粒细胞增多为特征的轻度白细胞增多、淋巴细胞减少、嗜酸性粒细胞减少、轻度单核细胞增多是下列哪种白细胞象特征？
A. 应激的白细胞象。
B. 急性炎症的白细胞象。
C. 慢性炎症的白细胞象。
D. 白血病样反应。
E. 白血病。

17. 下列关于嗜酸性粒细胞的叙述哪个是错误的？
A. 嗜酸性粒细胞生成于骨髓，与嗜中性粒细胞生成过程相似。
B. 嗜酸性粒细胞是参与机体超敏反应的一种主要成分。
C. 嗜酸性粒细胞在杀灭表面具有 IgG 或补体的吸虫和线虫方面起着主要作用。
D. 嗜酸性粒细胞具有一定的吞噬作用和杀灭微生物的活性，并在破坏肿瘤细胞方面起一定作用。
E. 嗜酸性粒细胞具有很长的循环半衰期。

18. 引起外周嗜酸性粒细胞增多的原因不包括下面哪种情况？
A. 过敏性皮肤病。
B. 心丝虫病。
C. 鞭虫感染。
D. 肥大细胞瘤。
E. 嗜酸性粒细胞增多综合征。

19. 巨噬细胞的特殊功能包括：
A. 吞噬作用。
B. 通过释放炎症介质来调节炎症反应。
C. 为淋巴细胞进行抗原处理。
D. 调节机体铁存贮。
E. 上述都包括。

20. 单核细胞增多症意味着：
A. 炎症的存在。
B. 吞噬作用的需求。
C. 组织坏死。
D. 高水平的循环糖皮质激素引起的“应激反应”。
E. 上述都包括。

21. 下列叙述哪个是正确的?

A. 单核细胞起源于髓外。

B. 单核细胞以未成熟细胞的形式释放进入外周血液。

C. 单核细胞具有巨大的骨髓贮存池。

D. 单核细胞可再循环并具有双向运动性。

E. 单核细胞增多只发生于慢性炎症。

22. 外周淋巴细胞:

A. 具有吞噬作用。

B. 大约 70%源自骨髓(B 淋巴细胞),大约 30%源自胸腺(T 淋巴细胞)。

C. 具有独特的再循环能力。

D. 在机体内只能存活 6~14 h。

E. 上述都正确。

23. 引起严重的淋巴细胞减少症(<700 淋巴细胞/μL)的原因不包括下列哪个因素?

A. 肾上腺素释放。

B. 淋巴管扩张。

C. 淋巴肉瘤。

D. 乳糜胸。

E. 胸导管阻塞。

24. 引起犬淋巴细胞增多症的原因不包括下列哪个因素?

A. 兴奋。

B. 最近接种了疫苗。

C. 与抗原刺激有关的炎性疾病。

D. 淋巴肉瘤。

E. 淋巴细胞性白血病。

25. 怀疑某患犬采食了香豆素类灭鼠药。下列哪些检测会首先表现异常?

A. 凝血酶原时间(PT)。

B. 活化部分凝血酶原时间(APTT)。

C. 活化凝结时间(ACT)。

D. 凝血酶时间(TT)。

E. 纤维蛋白原浓度。

26. 在已知血管假性血友病因子(vWf)缺乏的动物,确定是否存在出血倾向的最适当检测是:
A. 血小板计数。
B. 血管假性血友病因子(vWf)定量检测。
C. 颊黏膜出血时间(BMBT)。
D. 因子Ⅷ(FⅧ)定量检测。
E. 活化凝结时间(ACT)试验。

27. 患犬颊黏膜出血时间(BMBT)延长,血小板数和 PT、APTT 检测正常。这表明:
A. 内皮细胞或血小板功能紊乱。
B. 可能是内源性凝血途径的凝血因子缺乏。
C. 可能是外源性凝血途径的凝血因子缺乏。
D. 包括共同凝血途径的凝血因子缺乏。
E. 纤维蛋白过度溶解。

28. 一只因为血管肉瘤做了脾脏摘除术的老年公犬,术后临床表现出血性素质。血小板计数中度减少,纤维蛋白原浓度也降低,APTT 延长,纤维蛋白降解产物(FDPs)增加。这些实验室检测结果表明:
A. 肿瘤转移了。
B. 该犬有血栓形成。
C. DIC。
D. 该患犬还有其他问题,可能是维生素 K 抑制。
E. 因子Ⅶ缺乏。

29. 下列哪种叙述符合炎性白细胞象?
A. 嗜酸性粒细胞持续增多。
B. 单核细胞增多。
C. 嗜中性粒细胞核左移。
D. 绝对嗜中性粒细胞量增多,超过 25 000/μL。
E. 上述都符合。

30. 下列哪种叙述最符合应激白细胞象的特点?
A. 淋巴细胞计数在 750～1 500/μL 之间。
B. 嗜酸性粒细胞减少。
C. 显著的嗜中性粒细胞增多。
D. 单核细胞中度增多。
E. 非再生性贫血。

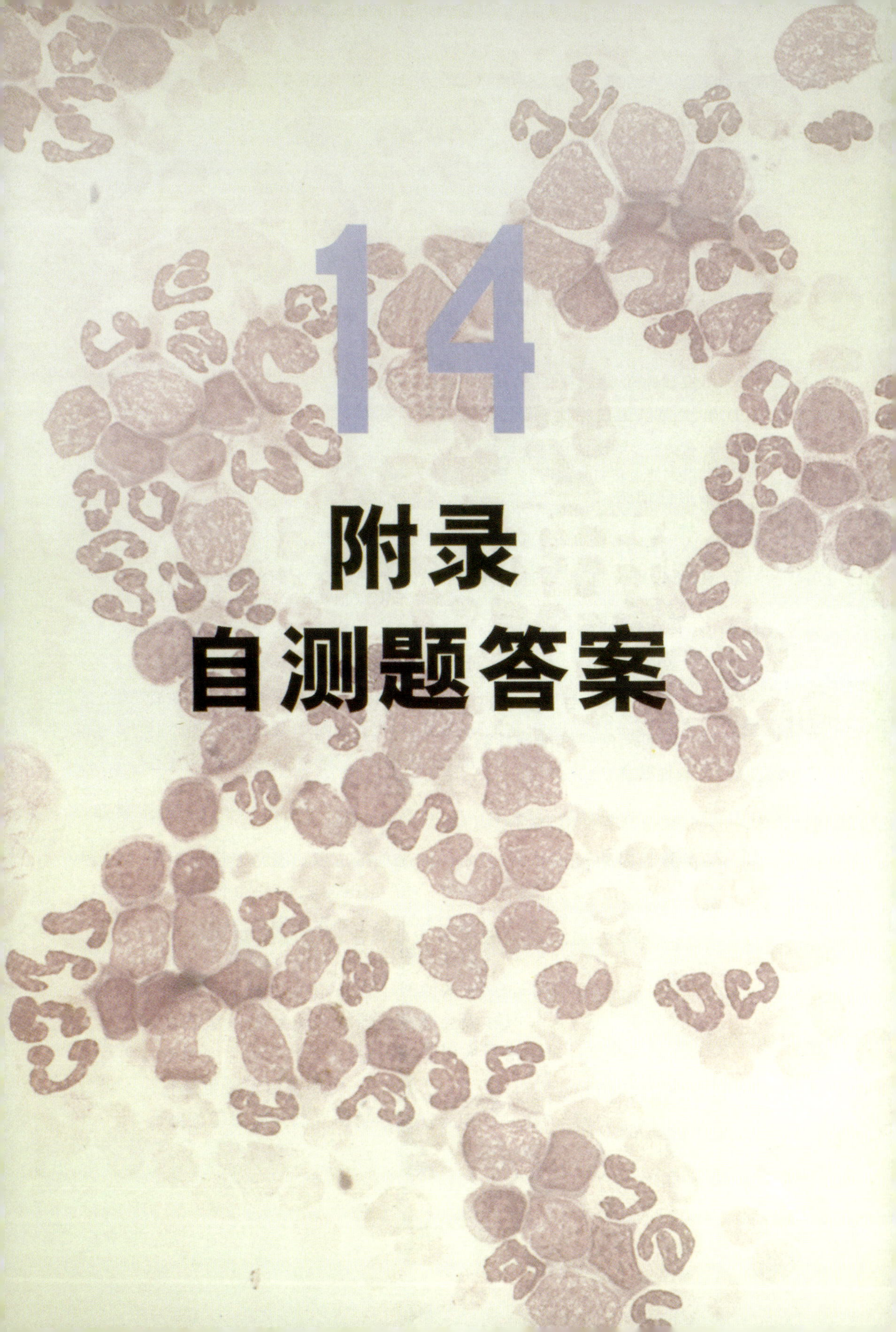

14

附录 自测题答案

答案

1. 下列叙述哪个是错误的？

B. 促红细胞生成素可刺激白细胞（WBC）生成。

2. 下列叙述哪个/些是正确的？

E. 上述都正确。

3. 下列叙述哪个是错误的？

D. 和犬血红蛋白相比，猫血红蛋白不易被氧化。

4. 表面带有 2～10 个钝的指状突起的异形红细胞称为：

A. 棘形红细胞。

5. 下列叙述哪个/些是正确的？

C. 在用 EDTA 抗凝的血涂片上，锯齿状红细胞比新鲜非抗凝血涂片更明显。

6. 再生性贫血：

E. 上述都正确。

7. 哪种贫血引起网织红细胞计数达 100 000 /μL，且血浆总蛋白降低？

A. 失血性贫血。

8. 可引起免疫介导性溶血的疾病有：

E. 上述都可引起。

9. 下列叙述哪个是正确的？

A. 成熟缺陷性贫血外周血液表现为非再生性贫血血象，骨髓内红细胞增生。

10. 下列关于红细胞增多症的叙述哪个/些是错误的？

E. 大多是由真性红细胞增多症引起的。

11. 相对红细胞增多症的实验室检验特点包括：

E. 上述都是。

12. 下列叙述哪个/些是正确的？

E. 上述都正确。

13. 下列哪个因素可以影响外周血液中的嗜中性粒细胞计数？

E. 上述都可以。

14. 嗜中性粒细胞减少症的发病机理包括：

E. 上述都包括。

15. 嗜中性粒细胞增多症的原因不包括下面哪种？

E. 内毒素血症。

16. 以成熟嗜中性粒细胞增多为特征的轻度白细胞增多、淋巴细胞减少、嗜酸性粒细胞减少、轻度单核细胞增多是下列哪种白细胞象特征？

A. 应激的白细胞象。

17. 下列关于嗜酸性粒细胞的叙述哪个是错误的？

E. 嗜酸性粒细胞具有很长的循环半衰期。

18. 引起外周嗜酸性粒细胞增多的原因不包括下面哪种情况？

C. 鞭虫感染。

19. 巨噬细胞的特殊功能包括：

E. 上述都包括。

20. 单核细胞增多症意味着：

E. 上述都包括。

21. 下列叙述哪个是正确的？

B. 单核细胞以未成熟细胞的形式释放进入外周血液。

22. 外周淋巴细胞：

C. 具有独特的再循环能力。

23. 引起严重的淋巴细胞减少症（<700 淋巴细胞/μL）的原因不包括下列哪个因素？

A. 肾上腺素释放。

24. 引起犬淋巴细胞增多症的原因不包括下列哪个因素？

A. 兴奋。

25. 怀疑某患犬采食了香豆素类灭鼠药。下列哪些检测会首先表现异常？

A. 凝血酶原时间（PT）。

26. 在已知血管假性血友病因子（vWf）缺乏的动物，确定是否存在出血倾向的最适当检测是：

C. 颊黏膜出血时间（BMBT）。

27. 患犬颊黏膜出血时间（BMBT）延长，血小板数和 PT、APTT 检测正常。这表明：

A. 内皮细胞或血小板功能紊乱。

28. 一只因为血管肉瘤做了脾脏摘除术的老年公犬，术后临床表现出血性素质。血小板计数中度减少，纤维蛋白原浓度也降低，APTT 延长，纤维蛋白降解产物（FDPs）增加。这些实验室检测结果表明：

C. DIC。

29. 下列哪种叙述符合炎性白细胞象？

E. 上述都符合。

30. 下列哪种叙述最符合应激白细胞象的特点？

A. 淋巴细胞计数在 750～1 500/μL 之间。

索引

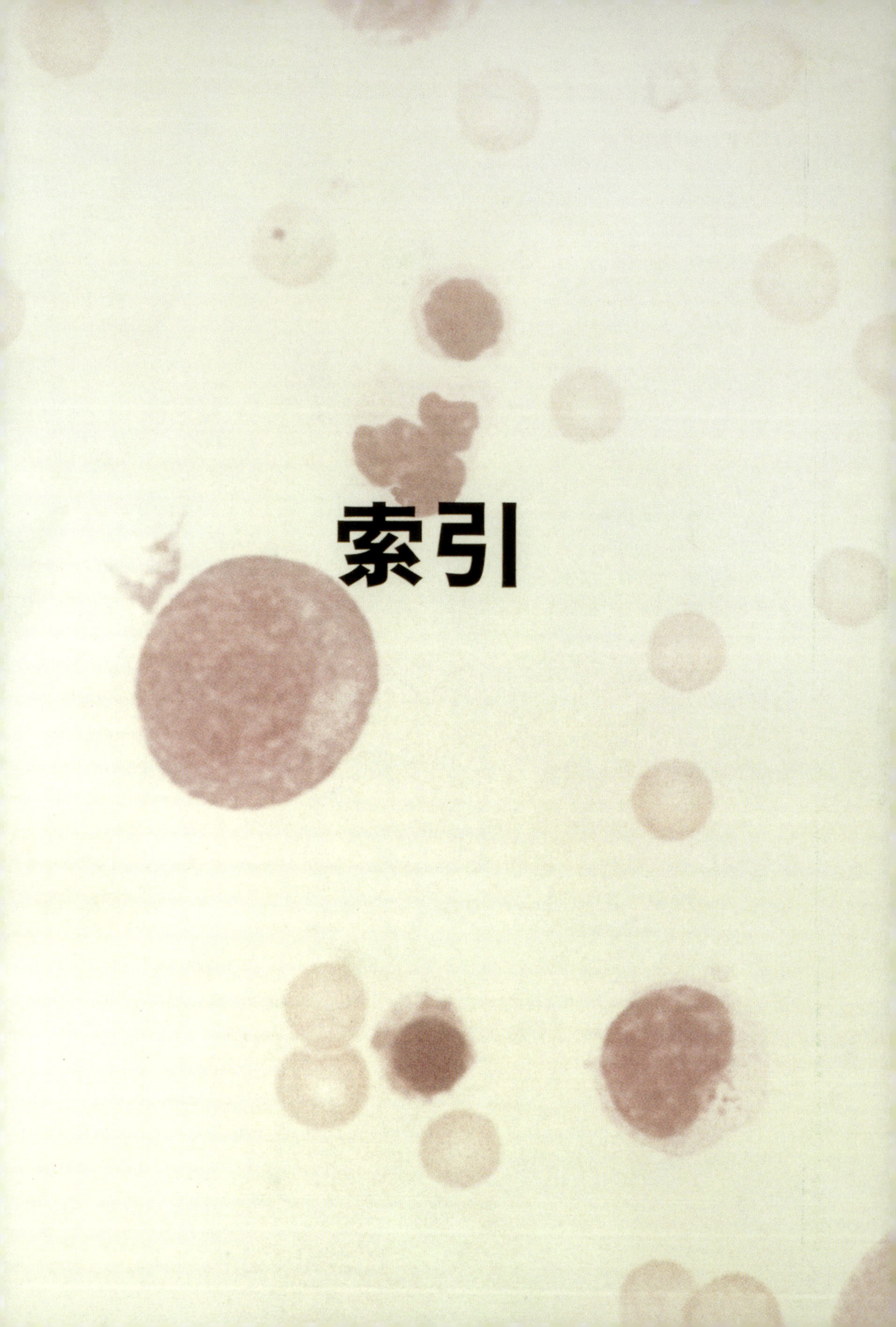

页数后为 f 表明是图;页数后为 t 表明是表。

G